Why?

KB244230

# 사고력도 탄탄! 창의력도 탄탄!
## 수학 일등의 지름길 「기탄사고력수학」

### ♕ 단계별·능력별 프로그램식 학습지입니다

유아부터 초등학교 6학년까지 각 단계별로 4~6권씩 총 52권으로 구성되었으며, 처음 시작할 때 나이와 학년에 관계없이 능력별 수준에 맞추어 학습하는 프로그램식 학습지입니다.

### ♕ 사고력·창의력을 키워 주는 수학 학습지입니다

다양한 사고 단계를 거쳐 문제 해결력을 높여 주며, 개념과 원리를 이해하도록 하여 수학적 사고력을 키워 줍니다. 또 수학적 사고를 바탕으로 스스로 생각하고 깨닫는 창의력을 키워 줍니다.

### ♕ 유아 과정은 물론 초등학교 수학의 전 영역을 골고루 학습합니다

운필력, 공간 지각력, 수 개념 등 유아 과정부터 시작하여, 초등학교 과정인 수와 연산, 도형 등 수학의 전 영역을 골고루 다루어, 자녀들의 수학적 사고의 폭을 넓히는 데 큰 도움을 줍니다.

### ♕ 학습 지도 가이드와 다양한 학습 성취도 평가 자료를 수록했습니다

매주, 매달, 매 단계마다 학습 목표에 따른 지도 내용과 지도 요점, 완벽한 해설을 제공하여 학부모님께서 쉽게 지도하실 수 있습니다. 창의력 문제와 수학 경시 대회 예상 문제를 단계별로 수록, 수학 실력을 완성시켜 줍니다.

### ♕ 과학적 학습 분량으로 공부하는 습관이 몸에 배입니다

하루 10~20분 정도의 과학적 학습량으로 공부에 싫증을 느끼지 않게 하고, 학습에 자신감을 가지도록 하였습니다. 매일 일정 시간 꾸준하게 공부하도록 하면, 시키지 않아도 공부하는 습관이 몸에 배게 됩니다.

# 「기탄사고력수학」은 체계적이고 장기적인 프로그램으로 꾸준히 학습하면 반드시 성적으로 보답합니다

## ✿ 스몰 스텝(Small Step)방식으로 꾸준히 학습하면 성적이 올라갑니다

「기탄사고력수학」은 단순히 문제만 나열한 문제집이 아닙니다. 체계적이고 장기적인 학습프로그램을 통해 수학적 사고력과 창의력을 완성시켜 주는 스몰 스텝(Small Step)방식으로 꾸준히 학습하면 반드시 성적이 올라갑니다.

## ✿ 하루 3장, 10~20분씩 규칙적으로 학습하게 하세요

매일 일정 시간에 일정한 학습량을 꾸준히 재미있게 해야만 학습효과를 높일 수 있습니다. 주별로 분철하기 쉽게 제본되어 있으니, 교재를 구입하시면 먼저 분철하여 일주일 학습 분량만 자녀들에게 나누어 주세요. 그래야만 아이들이 학습 성취감과 자신감을 가질 수 있습니다.

## ✿ 자녀들의 수준에 알맞은 교재를 선택하세요

〈기탄사고력수학〉은 유아에서 초등학교 6학년까지, 나이와 학년에 관계없이 학습 난이도별로 자신의 능력에 맞는 단계를 선택하여 시작하는 능력별 교재입니다. 그러나 자녀의 수준보다 1~2단계 낮춘 교재부터 시작하면 학습에 더욱 자신감을 갖게 되어 효과적입니다.

| 교재 구분 | 교재 구성 | 대 상 |
|---|---|---|
| A단계 교재 | 1, 2, 3, 4집 | 4세 ~ 5세 아동 |
| B단계 교재 | 1, 2, 3, 4집 | 5세 ~ 6세 아동 |
| C단계 교재 | 1, 2, 3, 4집 | 6세 ~ 7세 아동 |
| D단계 교재 | 1, 2, 3, 4집 | 7세 ~ 초등학교 1학년 |
| E단계 교재 | 1, 2, 3, 4, 5, 6집 | 초등학교 1학년 |
| F단계 교재 | 1, 2, 3, 4, 5, 6집 | 초등학교 2학년 |
| G단계 교재 | 1, 2, 3, 4, 5, 6집 | 초등학교 3학년 |
| H단계 교재 | 1, 2, 3, 4, 5, 6집 | 초등학교 4학년 |
| I 단계 교재 | 1, 2, 3, 4, 5, 6집 | 초등학교 5학년 |
| J단계 교재 | 1, 2, 3, 4, 5, 6집 | 초등학교 6학년 |

# 「기탄사고력수학」으로
# 수학 성적 올리는 일등비법을 공개합니다

## ✳ 문제를 먼저 풀어 주지 마세요

기탄사고력수학은 직관(전체 감지)을 논리(이론과 구체 연결)로 발전시켜 답을 구하도록 구성되었습니다. 쉽게 문제를 풀지 못하더라도 노력하는 과정에서 더 많은 것을 얻을 수 있으니, 약간의 힌트 외에는 자녀가 스스로 끝까지 문제를 풀어 나갈 수 있도록 격려해 주세요.

## ✳ 교재는 이렇게 활용하세요

먼저 자녀들의 능력에 맞는 교재를 선택하세요. 그리고 일주일 분량씩 분철하여 매일 3장씩 풀 수 있도록 해 주세요. 한꺼번에 많은 양의 교재를 주시면 어린이가 부담을 느껴서 학습을 미루거나 포기하기 쉽습니다. 적당한 양을 매일매일 학습하도록 하여 수학 공부하는 재미를 느낄 수 있도록 해 주세요.

## ✳ 교재 학습 과정을 꼭 지켜 주세요

한 주 학습이 끝날 때마다 창의력 문제와 경시 대회 예상 문제를 꼭 풀고 넘어가도록 해 주시고, 한 권(한 달 과정)이 끝나면 성취도 테스트와 종료 테스트를 통해 스스로 실력을 가늠해 볼 수 있도록 도와 주세요. 문제를 다 풀면 반드시 해답지를 이용하여 정확하게 채점해 주시고, 틀린 문제를 체크해 놓았다가 다음에는 확실히 풀 수 있도록 지도해 주세요.

## ✳ 자녀의 학습 관리를 게을리 하지 마세요

수학적 사고는 하루 아침에 생겨나는 것이 아닙니다. 날마다 꾸준히 규칙적으로 학습해 나갈 때에만 비로소 수학적 사고의 기틀이 마련되는 것입니다. 교육은 사랑입니다. 자녀가 학습한 부분을 어머니께서 꼭 확인하시면서 사랑으로 돌봐 주세요. 부모님의 관심 속에서 자란 아이들만이 성적 향상은 물론 이 사회에서 꼭 필요한 인격체로 성장해 나갈 수 있다는 것도 잊지 마세요.

# 기탄꼬력수학 교재별 학습 내용

**A 단계 교재**

| A - ❶ 교재 | A - ❷ 교재 |
|---|---|
| 나와 가족에 대하여 알기<br>바른 행동 알기<br>다양한 선 그리기<br>다양한 사물 색칠하기<br>○△□ 알기<br>똑같은 것 찾기<br>빠진 것 찾기<br>종류가 같은 것과 다른 것 찾기<br>관찰력, 논리력, 사고력 키우기 | 필요한 물건 찾기<br>관계 있는 것 찾기<br>다양한 기준에 따라 분류하기<br>(종류, 용도, 모양, 색깔, 재질, 계절, 성질 등)<br>두 가지 기준에 따라 분류하기<br>다섯까지 세기<br>변별력 키우기<br>미로 통과하기 |
| **A - ❸ 교재** | **A - ❹ 교재** |
| 다양한 기준으로 비교하기<br>(길이, 높이, 양, 무게, 크기, 두께, 넓이, 속도, 깊이 등)<br>시간의 순서 비교하기<br>반대 개념 알기<br>3까지의 숫자 배우기<br>그림 퍼즐 맞추기<br>미로 통과하기 | 최상급 개념 알기<br>다양한 기준으로 순서 짓기 (크기, 시간, 길이, 두께 등)<br>네 가지 이상 비교하기<br>이중 서열 알기<br>ABAB, ABCABC의 규칙성 알기<br>다양한 규칙 이해하기<br>부분과 전체 알기<br>5까지의 숫자 배우기<br>일대일 대응, 일대다 대응 알기<br>미로 통과하기 |

**B 단계 교재**

| B - ❶ 교재 | B - ❷ 교재 |
|---|---|
| 열까지 세기<br>9까지의 숫자 배우기<br>사물의 기본 모양 알기<br>모양 구성하기<br>모양 나누기와 합치기<br>같은 모양, 짝이 되는 모양 찾기<br>위치 개념 알기 (위, 아래, 앞, 뒤)<br>위치 파악하기 | 9까지의 수량, 수 단어, 숫자 연결하기<br>구체물을 이용한 수 익히기<br>반구체물을 이용한 수 익히기<br>위치 개념 알기 (안, 밖, 왼쪽, 가운데, 오른쪽)<br>다양한 위치 개념 알기<br>시간 개념 알기 (낮, 밤)<br>구체물을 이용한 수와 양의 개념 알기<br>(같다, 많다, 적다) |
| **B - ❸ 교재** | **B - ❹ 교재** |
| 순서대로 숫자 쓰기<br>거꾸로 숫자 쓰기<br>1 큰 수와 2 큰 수 알기<br>1 작은 수와 2 작은 수 알기<br>반구체물을 이용한 수와 양의 개념 알기<br>보존 개념 익히기<br>여러 가지 단위 배우기 | 순서수 알기<br>사물의 입체 모양 알기<br>입체 모양 나누기<br>두 수의 크기 비교하기<br>여러 수의 크기 비교하기<br>0의 개념 알기<br>0부터 9까지의 수 익히기 |

**C 단계 교재**

| C - ❶ 교재 | C - ❷ 교재 |
|---|---|
| 구체물을 통한 수 가르기<br>반구체물을 통한 수 가르기<br>숫자를 도입한 수 가르기<br>구체물을 통한 수 모으기<br>반구체물을 통한 수 모으기<br>숫자를 도입한 수 모으기 | 수 가르기와 모으기<br>여러 가지 방법으로 수 가르기<br>수 모으고 다시 수 가르기<br>수 가르고 다시 수 모으기<br>더해 보기<br>세로로 더해 보기<br>빼 보기<br>세로로 빼 보기<br>더해 보기와 빼 보기<br>바꾸어서 셈하기 |

| C - ❸ 교재 | C - ❹ 교재 |
|---|---|
| 길이 측정하기　　높이 측정하기<br>넓이 측정하기　　크기 측정하기<br>둘레 측정하기　　무게 측정하기<br>부피 측정하기　　들이 측정하기<br>활동 시간 알아보기　시간의 순서 알아보기<br>여러 가지 측정하기 | 열 개<br>열 개 만들어 보기<br>열 개 묶어 보기<br>자리 알아보기<br>수 '10' 알아보기<br>10의 크기 알아보기<br>더하여 10이 되는 수 알아보기<br>열다섯까지 세어 보기<br>스물까지 세어 보기 |

**D 단계 교재**

| D - ❶ 교재 | D - ❷ 교재 |
|---|---|
| 수 11~20 알기<br>11~20까지의 수 알기<br>30까지의 수 알아보기<br>자릿값을 이용하여 30까지의 수 나타내기<br>40까지의 수 알아보기<br>자릿값을 이용하여 40까지의 수 나타내기<br>자릿값을 이용하여 50까지의 수 나타내기<br>50까지의 수 알아보기 | 상자 모양, 공 모양, 둥근기둥 모양 알아보기<br>공간 위치 알아보기<br>입체도형으로 모양 만들기<br>여러 방향에서 본 모습 관찰하기<br>평면도형 알아보기<br>선대칭 모양 알아보기<br>모양 만들기와 탱그램 |

| D - ❸ 교재 | D - ❹ 교재 |
|---|---|
| 덧셈 이해하기<br>10이 되는 더하기<br>여러 가지로 더해 보기<br>덧셈 익히기<br>뺄셈 이해하기<br>10에서 빼기<br>여러 가지로 빼 보기<br>뺄셈 익히기 | 조사하여 기록하기<br>그래프의 이해<br>그래프의 활용<br>분수의 이해<br>시간 느끼기<br>사건의 순서 알기<br>소요 시간 알아보기<br>달력 보기<br>시계 보기<br>활동한 시간 알기 |

**E 단계 교재**

| E - ❶ 교재 | E - ❷ 교재 | E - ❸ 교재 |
|---|---|---|
| 사물의 개수를 세어 보고 1, 2, 3, 4, 5 알아보기<br>0의 개념과 0~5까지의 수의 순서 알기<br>하나 더 많다, 적다의 개념 알기<br>두 수의 크기 비교하기<br>사물의 개수를 세어 보고 6, 7, 8, 9 알아보기<br>0~9까지의 수의 순서 알기<br>하나 더 많다, 적다의 개념 알기<br>두 수의 크기 비교하기<br>여러 가지 모양 알아보기, 찾아보기, 만들어 보기<br>규칙 찾기 | 두 수로 가르기<br>두 수를 모으기<br>가르기와 모으기<br>덧셈식 알아보기<br>뺄셈식 알아보기<br>길이 비교해 보기<br>높이 비교해 보기<br>들이 비교해 보기<br>무게 비교해 보기<br>넓이 비교해 보기 | 수 10(십) 알아보기<br>19까지의 수 알아보기<br>몇십과 몇십 몇 알아보기<br>물건의 수 세기<br>50까지 수의 순서 알아보기<br>두 수의 크기 비교하기<br>분류하기<br>분류하여 세어 보기 |
| **E - ❹ 교재** | **E - ❺ 교재** | **E - ❻ 교재** |
| 수 60, 70, 80, 90<br>99까지의 수<br>수의 순서<br>두 수의 크기 비교<br>여러 가지 모양 알아보기, 찾아보기<br>여러 가지 모양 만들기, 그리기<br>규칙 찾기<br>10을 두 수로 가르기<br>100이 되도록 두 수를 모으기 | 100이 되는 더하기<br>10에서 빼기<br>세 수의 덧셈과 뺄셈<br>(몇십)+(몇), (몇십 몇)+(몇),<br>(몇십 몇)+(몇십 몇)<br>(몇십 몇)−(몇), (몇십 몇)−(몇십 몇)<br>긴바늘, 짧은바늘 알아보기<br>몇 시 알아보기<br>몇 시 30분 알아보기 | 세 수의 덧셈<br>받아올림이 있는 (몇)+(몇)<br>받아내림이 있는 (십 몇)−(몇)<br>세 수의 계산<br>덧셈식, 뺄셈식 만들기<br>□가 있는 덧셈식, 뺄셈식 만들기<br>여러 가지 방법으로 해결하기 |

**F 단계 교재**

| F - ❶ 교재 | F - ❷ 교재 | F - ❸ 교재 |
|---|---|---|
| 백(100)과 몇백(200, 300, ……)의 개념 이해<br>세 자리 수와 뛰어 세기의 이해<br>세 자리 수의 크기 비교<br>받아올림이 있는 (두 자리 수)+(한 자리 수)의 계산<br>받아내림이 있는 (두 자리 수)−(한 자리 수)의 계산<br>세 수의 덧셈과 뺄셈<br>선분과 직선의 차이 이해<br>사각형, 삼각형, 원 등의 여러 가지 모양<br>쌓기나무로 똑같이 쌓아 보고 여러 가지 모양 만들기<br>배열 순서에 따라 규칙 찾아내기 | 받아올림이 있는 (두 자리 수)+(두 자리 수)의 계산<br>받아내림이 있는 (두 자리 수)−(두 자리 수)의 계산<br>여러 가지 방법으로 계산하고 세 수의 혼합 계산<br>길이 비교와 단위길이의 비교<br>길이의 단위(cm) 알기<br>길이 재기와 길이 어림하기<br>어떤 수를 □로 나타내기<br>덧셈식·뺄셈식에서 □의 값 구하기<br>어떤 수를 구하는 식 만들기<br>식에 알맞은 문제 만들기 | 시각 읽기<br>시각과 시간의 차이 알기<br>하루의 시간 알기<br>달력을 보며 1년 알기<br>몇 시 몇 분 전 알기<br>반 시간 알기<br>묶어 세기<br>몇 배 알아보기<br>더하기를 곱하기로 나타내기<br>덧셈식과 곱셈식으로 나타내기 |
| **F - ❹ 교재** | **F - ❺ 교재** | **F - ❻ 교재** |
| 2~9의 단 곱셈구구 익히기<br>1의 단 곱셈구구와 0의 곱<br>곱셈표에서 규칙 찾기<br>받아올림이 없는 세 자리 수의 덧셈<br>받아내림이 없는 세 자리 수의 뺄셈<br>여러 가지 방법으로 계산하기<br>미터(m)와 센티미터(cm)<br>길이 재기<br>길이 어림하기<br>길이의 합과 차 | 받아올림이 있는 세 자리 수의 덧셈<br>받아내림이 있는 세 자리 수의 뺄셈<br>여러 가지 방법으로 덧셈·뺄셈하기<br>세 수의 혼합 계산<br>똑같이 나누기<br>전체와 부분의 크기<br>분수의 쓰기와 읽기<br>분수만큼 색칠하고 분수로 나타내기<br>표와 그래프로 나타내기<br>조사하여 표와 그래프로 나타내기 | □가 있는 곱셈식을 만들어 문제 해결하기<br>규칙을 찾아 문제 해결하기<br>거꾸로 생각하여 문제 해결하기 |

**단계 교재**

| G - ❶ 교재 | G - ❷ 교재 | G - ❸ 교재 |
|---|---|---|
| 1000의 개념 알기 | 똑같이 묶어 덜어 내기와 똑같게 나누기 | 분수만큼 알기와 분수로 나타내기 |
| 몇천, 네 자리 수 알기 | 나눗셈의 몫 | 몇 개인지 알기 |
| 수의 자릿값 알기 | 곱셈과 나눗셈의 관계 | 분수의 크기 비교 |
| 뛰어 세기, 두 수의 크기 비교 | 나눗셈의 몫을 구하는 방법 | mm 단위를 알기와 mm 단위까지 길이 재기 |
| 세 자리 수의 덧셈 | 나눗셈의 세로 형식 | km 단위를 알기 |
| 덧셈의 여러 가지 방법 | 곱셈을 활용하여 나눗셈의 몫 구하기 | km, m, cm, mm의 단위가 있는 길이의 |
| 세 자리 수의 뺄셈 | 평면도형 밀기, 뒤집기, 돌리기 | 합과 차 구하기 |
| 뺄셈의 여러 가지 방법 | 평면도형 뒤집고 돌리기 | 시각과 시간의 개념 알기 |
| 각과 직각의 이해 | (몇십)×(몇)의 계산 | 1초의 개념 알기 |
| 직각삼각형, 직사각형, 정사각형의 이해 | (두 자리 수)×(한 자리 수)의 계산 | 시간의 합과 차 구하기 |

| G - ❹ 교재 | G - ❺ 교재 | G - ❻ 교재 |
|---|---|---|
| (네 자리 수)+(세 자리 수) | (몇십)÷(몇) | 막대그래프 |
| (네 자리 수)+(네 자리 수) | 내림이 없는 (몇십 몇)÷(몇) | 막대그래프 그리기 |
| (네 자리 수)-(세 자리 수) | 나눗셈의 몫과 나머지 | 그림그래프 |
| (네 자리 수)-(네 자리 수) | 나눗셈식의 검산 / (몇십 몇)÷(몇) | 그림그래프 그리기 |
| 세 수의 덧셈과 뺄셈 | 들이 / 들이의 단위 | 알맞은 그래프로 나타내기 |
| (세 자리 수)×(한 자리 수) | 들이의 어림하기와 합과 차 | 규칙을 정해 무늬 꾸미기 |
| (몇십)×(몇십) / (두 자리 수)×(몇십) | 무게 / 무게의 단위 | 규칙을 찾아 문제 해결 |
| (두 자리 수)×(두 자리 수) | 무게의 어림하기와 합과 차 | 표를 만들어서 문제 해결 |
| 원의 중심과 반지름 / 그리기 / 지름 / 성질 | 0.1 / 소수 알아보기 | 예상과 확인으로 문제 해결 |
| | 소수의 크기 비교하기 | |

**단계 교재**

| H - ❶ 교재 | H - ❷ 교재 | H - ❸ 교재 |
|---|---|---|
| 만 / 다섯 자리 수 / 십만, 백만, 천만 | 이등변삼각형 / 이등변삼각형의 성질 | 소수 |
| 억 / 조 / 큰 수 뛰어서 세기 | 정삼각형 / 예각과 둔각 | 소수 두 자리 수 |
| 두 수의 크기 비교 | 예각삼각형 / 둔각삼각형 | 소수 세 자리 수 |
| 100, 1000, 10000, 몇백, 몇천의 곱 | 덧셈, 뺄셈 또는 곱셈, 나눗셈이 섞여 있는 혼합 | 소수 사이의 관계 |
| (세,네 자리 수)×(두 자리 수) | 계산 | 소수의 크기 비교 |
| 세 수의 곱셈 / 몇십으로 나누기 | 덧셈, 뺄셈, 곱셈, 나눗셈이 섞여 있는 혼합 계산 | 규칙을 찾아 수로 나타내기 |
| (두,세 자리 수)÷(두 자리 수) | ( ), { }가 있는 혼합 계산 | 규칙을 찾아 글로 나타내기 |
| 각의 크기 / 각 그리기 / 각도의 합과 차 | 분수와 진분수 / 가분수와 대분수 | 새로운 무늬 만들기 |
| 삼각형의 세 각의 크기의 합 | 대분수를 가분수로, 가분수를 대분수로 나타내기 | |
| 사각형의 네 각의 크기의 합 | 분모가 같은 분수의 크기 비교 | |

| H - ❹ 교재 | H - ❺ 교재 | H - ❻ 교재 |
|---|---|---|
| 분모가 같은 진분수의 덧셈 | 사다리꼴 / 평행사변형 / 마름모 | 꺾은선그래프 |
| 분모가 같은 대분수의 덧셈 | 직사각형과 정사각형의 성질 | 꺾은선그래프 그리기 |
| 분모가 같은 진분수의 뺄셈 | 다각형과 정다각형 / 대각선 | 물결선을 사용한 꺾은선그래프 |
| 분모가 같은 대분수의 뺄셈 | 여러 가지 모양 만들기 | 물결선을 사용한 꺾은선그래프 그리기 |
| 분모가 같은 대분수와 진분수의 덧셈과 뺄셈 | 여러 가지 모양으로 덮기 | 알맞은 그래프로 나타내기 |
| 소수의 덧셈 / 소수의 뺄셈 | 직사각형과 정사각형의 둘레 | 꺾은선그래프의 활용 |
| 수직과 수선 / 수선 긋기 | 1cm² / 직사각형과 정사각형의 넓이 | 두 수 사이의 관계 |
| 평행선 / 평행선 긋기 | 여러 가지 도형의 넓이 | 두 수 사이의 관계를 식으로 나타내기 |
| 평행선 사이의 거리 | 이상과 이하 / 초과와 미만 / 수의 범위 | 문제를 해결하고 풀이 과정을 설명하기 |
| | 올림과 버림 / 반올림 / 어림의 활용 | |

# 기탄사고력수학 교재별 학습 내용

**I 단계 교재**

| I-❶ 교재 | I-❷ 교재 | I-❸ 교재 |
|---|---|---|
| 약수 / 배수 / 배수와 약수의 관계 | 세 분수의 덧셈과 뺄셈 | 평행사변형의 넓이 |
| 공약수와 최대공약수 | (진분수)×(자연수) / (대분수)×(자연수) | 삼각형의 넓이 |
| 공배수와 최소공배수 | (자연수)×(진분수) / (자연수)×(대분수) | 사다리꼴의 넓이 |
| 크기가 같은 분수 알기 | (단위분수)×(단위분수) | 마름모의 넓이 |
| 크기가 같은 분수 만들기 | (진분수)×(진분수) / (대분수)×(대분수) | 넓이의 단위 m², a |
| 분수의 약분 / 분수의 통분 | 세 분수의 곱셈 / 합동인 도형의 성질 | 넓이의 단위 ha, km² |
| 분수의 크기 비교 / 진분수의 덧셈 | 합동인 삼각형 그리기 | 넓이의 단위 관계 |
| 대분수의 덧셈 / 진분수의 뺄셈 | 면, 모서리, 꼭짓점 | 무게의 단위 |
| 대분수의 뺄셈 / 세 분수의 덧셈과 뺄셈 | 직육면체와 정육면체 | |
| | 직육면체의 성질 / 겨냥도 / 전개도 | |

| I-❹ 교재 | I-❺ 교재 | I-❻ 교재 |
|---|---|---|
| 분수와 소수의 관계 | (소수)×(자연수) / (자연수)×(소수) | 두 수의 크기 비교 |
| 분수를 소수로, 소수를 분수로 나타내기 | 곱의 소수점의 위치 | 비율 |
| 분수와 소수의 크기 비교 | (소수)×(소수) | 백분율 |
| 1÷(자연수)를 곱셈으로 나타내기 | 소수의 곱셈 | 할푼리 |
| (자연수)÷(자연수)를 곱셈으로 나타내기 | (소수)÷(자연수) | 실제로 해 보기와 표 만들기 |
| (진분수)÷(자연수) / (가분수)÷(자연수) | (자연수)÷(자연수) | 그림 그리기와 식 만들기 |
| (대분수)÷(자연수) | 줄기와 잎 그림 | 예상하고 확인하기와 표 만들기 |
| 분수와 자연수의 혼합 계산 | 그림그래프 | 실제로 해 보기와 규칙 찾기 |
| 선대칭도형/선대칭의 위치에 있는 도형 | 평균 | |
| 점대칭도형/점대칭의 위치에 있는 도형 | 자료를 그래프로 나타내고 설명하기 | |

**J 단계 교재**

| J-❶ 교재 | J-❷ 교재 | J-❸ 교재 |
|---|---|---|
| (자연수)÷(단위분수) | 쌓기나무의 개수 | 비례식 |
| 분모가 같은 진분수끼리의 나눗셈 | 쌓기나무의 각 자리, 각 층별로 나누어 | 비의 성질 |
| 분모가 다른 진분수끼리의 나눗셈 | 개수 구하기 | 가장 작은 자연수의 비로 나타내기 |
| (자연수)÷(진분수) / 대분수의 나눗셈 | 규칙 찾기 | 비례식의 성질 |
| 분수의 나눗셈 활용하기 | 쌓기나무로 만든 것, 여러 가지 입체도형, | 비례식의 활용 |
| 소수의 나눗셈 / (자연수)÷(소수) | 여러 가지 생활 속 건축물의 위, 앞, 옆 | 연비 |
| 소수의 나눗셈에서 나머지 | 에서 본 모양 | 두 비의 관계를 연비로 나타내기 |
| 반올림한 몫 | 원주와 원주율 / 원의 넓이 | 연비의 성질 |
| 입체도형과 각기둥 / 각뿔 | 띠그래프 알기 / 띠그래프 그리기 | 비례배분 |
| 각기둥의 전개도 / 각뿔의 전개도 | 원그래프 알기 / 원그래프 그리기 | 연비로 비례배분 |

| J-❹ 교재 | J-❺ 교재 | J-❻ 교재 |
|---|---|---|
| (소수)÷(분수) / (분수)÷(소수) | 원기둥의 겉넓이 | 두 수 사이의 대응 관계 / 정비례 |
| 분수와 소수의 혼합 계산 | 원기둥의 부피 | 정비례를 활용하여 생활 문제 해결하기 |
| 원기둥 / 원기둥의 전개도 | 경우의 수 | 반비례 |
| 원뿔 | 순서가 있는 경우의 수 | 반비례를 활용하여 생활 문제 해결하기 |
| 회전체 / 회전체의 단면 | 여러 가지 경우의 수 | 그림을 그리거나 식을 세워 문제 해결하기 |
| 직육면체와 정육면체의 겉넓이 | 확률 | 거꾸로 생각하거나 식을 세워 문제 해결하기 |
| 부피의 비교 / 부피의 단위 | 미지수를 $x$로 나타내기 | 표를 작성하거나 예상과 확인을 통하여 |
| 직육면체와 정육면체의 부피 | 등식 알기 / 방정식 알기 | 문제 해결하기 |
| 부피의 큰 단위 | 등식의 성질을 이용하여 방정식 풀기 | 여러 가지 방법으로 문제 해결하기 |
| 부피와 들이 사이의 관계 | 방정식의 활용 | 새로운 문제를 만들어 풀어 보기 |

사고력도 탄탄! 창의력도 탄탄!

# E1

## E1a ~ E15b

## 학습 관리표

| 학습 내용 | | 이번 주는? |
|---|---|---|
| 5까지의 수 | · 사물의 개수를 세어 보고 1, 2, 3, 4, 5 알아보기<br>· 0의 개념 알기<br>· 0~5까지의 수의 순서 알기<br>· 하나 더 많다, 적다의 개념 알기<br>· 두 수의 크기 비교하기<br>· 창의력 학습<br>· 경시 대회 예상 문제 | • 학습 방법 : ① 매일매일  ② 가끔   ③ 한꺼번에<br> 하였습니다.<br>• 학습 태도 : ① 스스로 잘  ② 시켜서 억지로<br> 하였습니다.<br>• 학습 흥미 : ① 재미있게  ② 싫증내며<br> 하였습니다.<br>• 교재 내용 : ① 적합하다고 ② 어렵다고 ③ 쉽다고<br> 하였습니다. |

| 지도 교사가 부모님께 | 부모님이 지도 교사께 |
|---|---|
| | |

| 평가 | Ⓐ 아주 잘함 | Ⓑ 잘함 | Ⓒ 보통 | Ⓓ 부족함 |
|---|---|---|---|---|

원(교)       반   이름       전화

기초부터 탄탄하게
G 기탄교육

www.gitan.co.kr / (02)586-1007(대)

## 이렇게 도와 주세요!

● **학습 목표**
- 사물의 개수를 셀 수 있다.
- 수 1, 2, 3, 4, 5의 개념을 알고 숫자 1, 2, 3, 4, 5를 쓰고 읽을 수 있다.
- 개수 세기를 통해 하나 더 많은 것과 하나 더 적은 것을 이해할 수 있다.
- 수 0의 개념을 알고 숫자 0을 쓰고 읽을 수 있다.
- 두 수의 크기를 비교할 수 있다.

● **지도 내용**
- 그림을 통해 사물의 개수를 세어 보고 5까지의 수를 세어 보게 한다.
- 그림을 통해 1, 2, 3, 4, 5의 개념을 알아보고 숫자 1, 2, 3, 4, 5를 읽고 써 보게 한다.
- 구체물의 위치나 속성에 따라 차례대로 첫째, 둘째, …의 순서적 의미를 알아보게
  한다.
- 활동을 통해 개수보다 수가 하나 더 많은 것과 하나 더 적은 것을 알아보고, 주어진
  개수보다 하나 더 많게 또는 하나 더 적게 나타내 보게 한다.
- 구체물의 개수를 세어서 많고 적음을 비교해 보게 한다.

● **지도 요점**
구체물, 반구체물 등을 이용하여 1에서 5까지의 수를 익힐 수 있도록 지도합니다.
1은 하나의 의미, 첫째를 나타내는 순서적 의미들이 있음을 아이들이 구분하여 이해할
수 있도록 해야 합니다.
구체물을 세는 활동을 바탕으로 개수가 같은 것끼리 모아 보게 하고, 개수를 추상화하
여 하나, 둘, 셋, …, 수 1, 2, 3, …으로 나타내고, 읽을 때에는 일(하나), 이(둘), 삼(셋),
…으로 읽는다는 것을 이해하게 합니다. 물건의 개수를 나타내는 집합수와 차례를 나
타내는 순서수도 자연수로 나타낸다는 것을 알게 합니다. 첫째, 둘째, 셋째, …를 숫자
로는 1, 2, 3, …으로 나타낸다는 것을 이해하게 하여 집합수와 순서수를 통합한 개념
으로 수를 이해할 수 있도록 지도합니다.

✿이름 :

✿날짜 :

✿시간 :　　시　　분 ~　　시　　분

확인

🐸 다음 그림을 세어 보고 같은 수만큼 색칠하시오.(1~5)

**1**

**2**

**3**

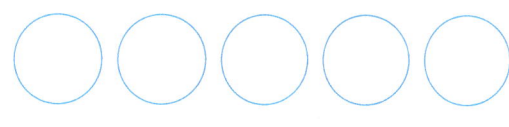

**4**

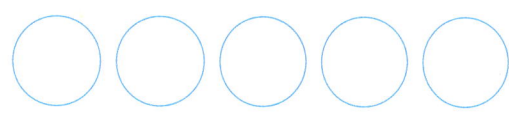

**5**

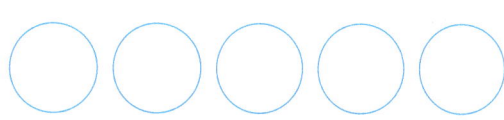

E-1b

👻 다음 그림을 세어 보고 같은 수만큼 ○를 그리시오.(6~10)

**6**

**7**

**8**

**9**

**10**

E-2a

🐸 다음 수를 읽으면서 써 보시오.(1~5)

**1**

하나
일

| 1 | | | |
|---|---|---|---|

**2**

둘
이

| 2 | | | |
|---|---|---|---|

**3**

셋
삼

| 3 | | | |
|---|---|---|---|

**4**

넷
사

| 4 | | | |
|---|---|---|---|

**5**

다섯
오

| 5 | | | |
|---|---|---|---|

👻 다음 그림을 세어 보고 알맞은 수에 ◯표 하시오.(6~10)

6  　 1 ②　3　4　5

7 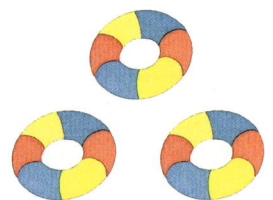 　 1　2　3　4　5

8  　 1　2　3　4　5

9  　 1　2　3　4　5

10 🐂 　 1　2　3　4　5

E-3a

♣ 이름 :

♣ 날짜 :

♣ 시간 :　　시　　분 ~　　시　　분

확인

😊 다음 ☐ 안에 알맞은 말을 써넣으시오.(1~3)

1

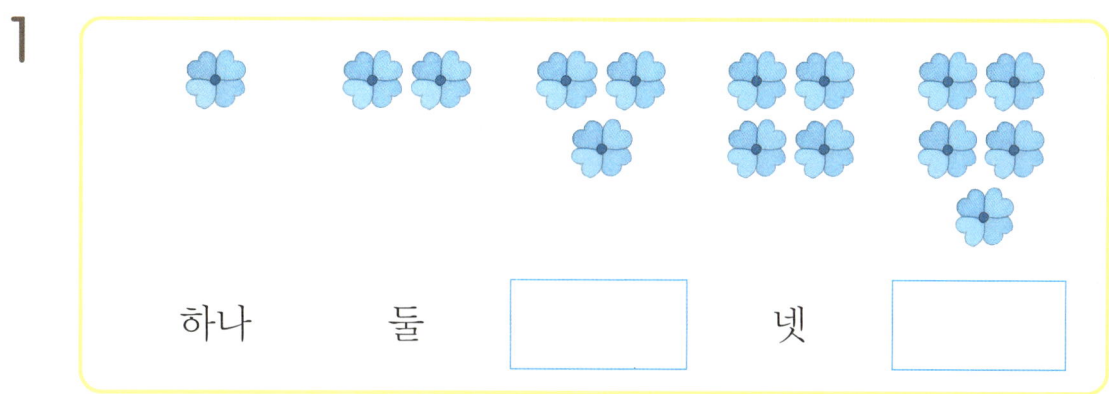

하나　　　둘　　　☐　　　넷　　　☐

2

하나　　　☐　　　셋　　　☐　　　다섯

3

☐　　　둘　　　셋　　　☐　　　☐

4  그림을 보고 관계있는 것끼리 선으로 이으시오.

 ·

 ·

 ·

 ·

 ·

·

·

·

·

·

★ 이름 :

★ 날짜 :

★ 시간 :　　시　분~　시　분

확인

🐸 다음 그림을 세어 보고 같은 수에 ○표 하시오.(1~5)

1

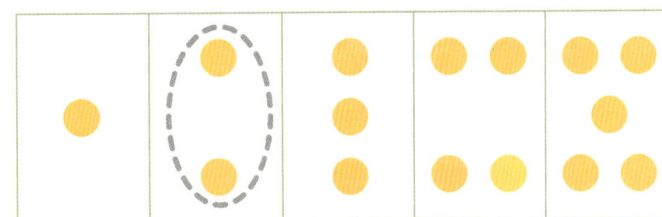

2

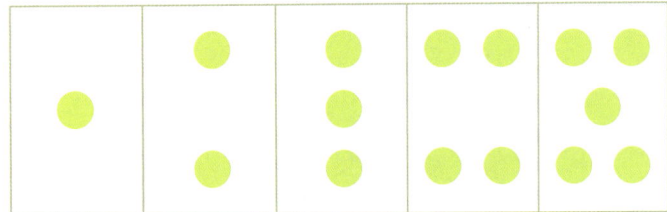

3

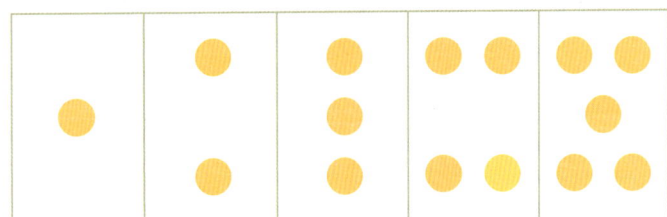

4

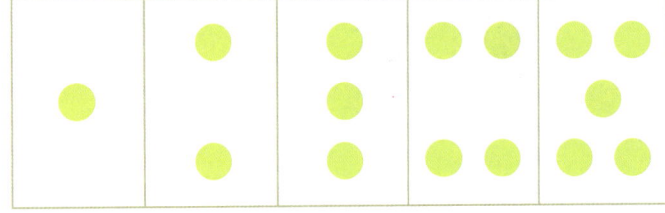

5

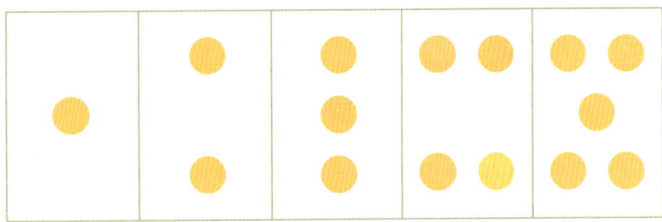

사고력 학습

다음 그림을 세어 보고 빈 곳에 알맞은 말을 쓰시오.(6~9)

6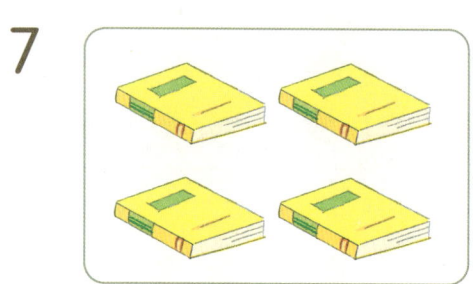
셋

7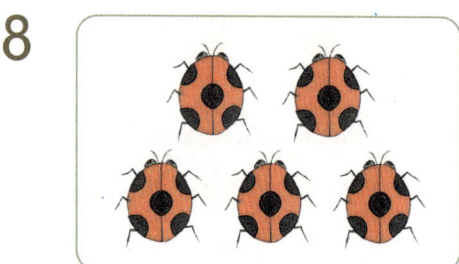

8

9

이름 :

날짜 :

시간 :    시    분 ~    시    분

🐸 다음 빈 곳에 알맞은 수나 말을 써넣으시오.(1~5)

1    ✈️ ➡ ● ➡ **|** ➡ 하나

2    🍁🍁🍁🍁 ➡ ●●/●● ➡ **4** ➡

3    🤖🤖 ➡ ●/● ➡ **2** ➡

4    🗝🗝🗝 ➡ ●●● ➡ ☐ ➡

5    🍔🍔/🍔🍔🍔 ➡ ●●/●/●● ➡ **5** ➡

사고력 학습

아무것도 없는 것을 어떻게 나타내는지 다음을 따라 써 보고, ☐ 안에 알맞은 수를 써넣으시오.(6~7)

6

| 3 | | | |
|---|---|---|---|

7

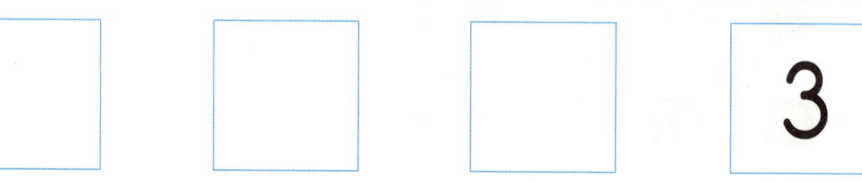

| | | | 3 |
|---|---|---|---|

E-6a

✿ 이름 :

✿ 날짜 :

✿ 시간 :　시　분～　시　분

확인

🐸 다음 그림을 보고 같은 수만큼 ○를 그리시오.(1~3)

**1** 토끼

**2** 다람쥐

**3** 도토리

# E-6b

**4** 관계있는 것끼리 선으로 이으시오.

 · · 다섯 · · 3

 · · 하나 · · 5

 · · 셋 · · 1

 · · 둘 · · 4

 · · 넷 · · 2

 사고력 학습

♣ 이름 :

♣ 날짜 :

♣ 시간 : 　시　분 ~ 　시　분

확인

**1** 그림을 보고 관계있는 것끼리 선으로 이으시오.

| 말 | 사슴 | 개 | 다람쥐 | 거북 |
|---|---|---|---|---|
| • | • | • | • | • |

| 첫째 | 둘째 | 셋째 | 넷째 | 다섯째 |
|---|---|---|---|---|

| 1등 | 3등 | 5등 | 2등 | 4등 |
|---|---|---|---|---|

사고력 학습

E-7b

 같은 수만큼 색칠해 보시오.(2~6)

2  셋

3  삼

4  둘

5  이

6  넷

 사고력 학습

★ 이름 :

★ 날짜 :

★ 시간 :　시　분 ~　시　분

확인

🐸 다음 순서에 맞게 빈 곳에 알맞은 수나 말을 써넣으시오.(1~5)

**1**　| 1 |　|　| 3 |　|　|

**2**　하나　| |　| |　넷　| |

**3**　| |　둘째　| |　| |　| |

**4**　| |　| |　3등　| |　| |

**5**　| |　| |　| |　4번　| |

👻 알맞게 색칠해 보시오.(6~8)

**6**

둘

둘째

**7**

넷

넷째

**8**

다섯

다섯째

★ 이름 :

★ 날짜 :

★ 시간 :　시　분 ~　시　분

확인

🐸 다음 그림보다 하나 더 많게 ◯를 그리시오.(1~5)

1

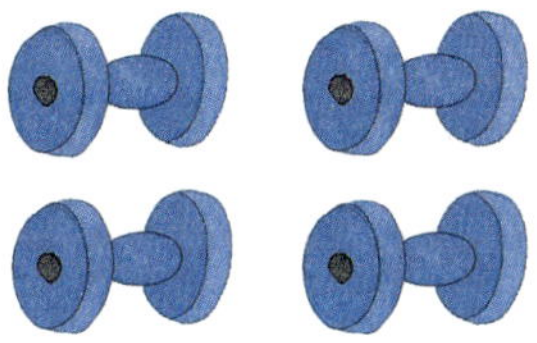

2

3

4

5

E-9b

다음 그림보다 하나 더 적게 △를 그리시오.(6~10)

6

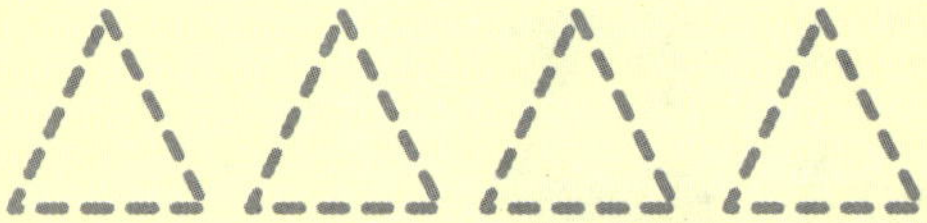

△ △ △ △

7

8

9

10

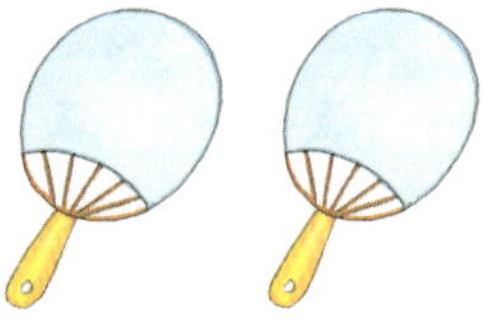

✿ 이름 :

✿ 날짜 :

✿ 시간 :     시     분 ~     시     분

확인

🐸 다음 그림을 세어 보고 하나 더 많은 쪽에 ○표 하시오.(1~5)

1

2

3

4

5

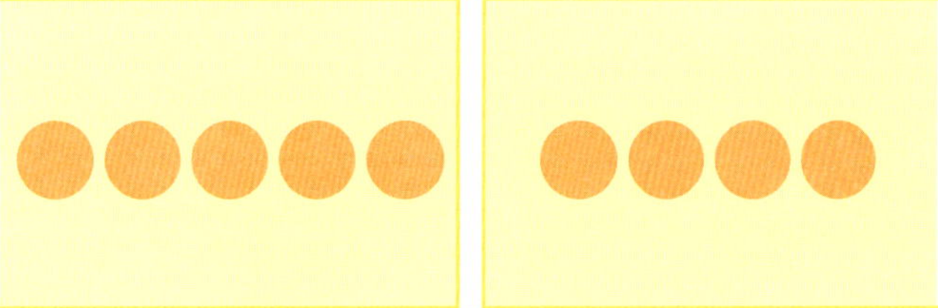

사고력 학습

**E-10b**

👻 다음 그림보다 하나 더 많게 ◯를 그리시오.(6~10)

**6**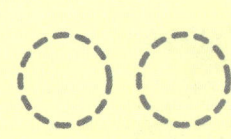

**7**

**8**

**9**

**10**

 사고력 학습

기탄사고력수학

# E-11a

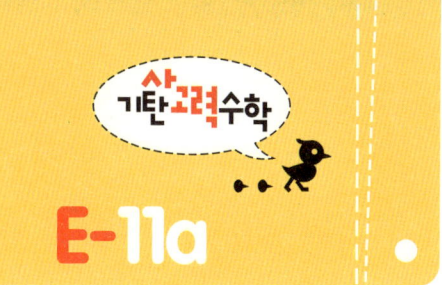

이름 :

날짜 :

시간 : 시 분 ~ 시 분

확인

다음 그림을 세어 보고 하나 더 적은 쪽에 △표 하시오.(1~5)

1

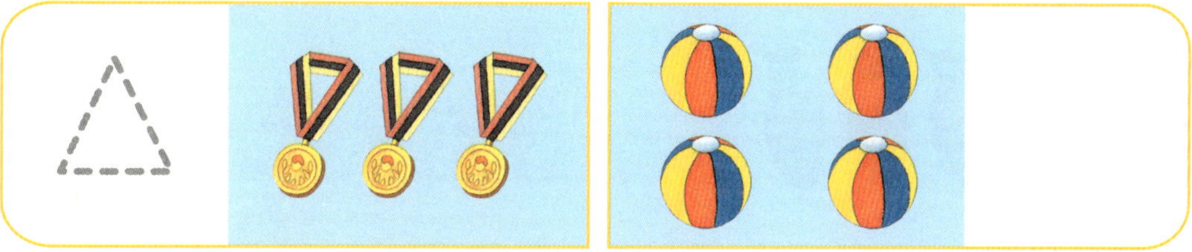

2

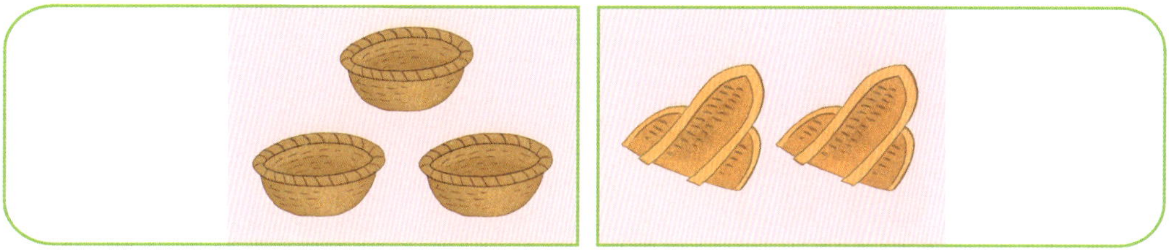

3

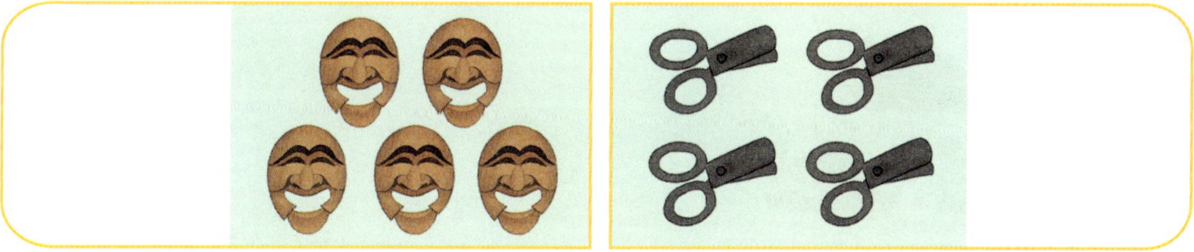

4

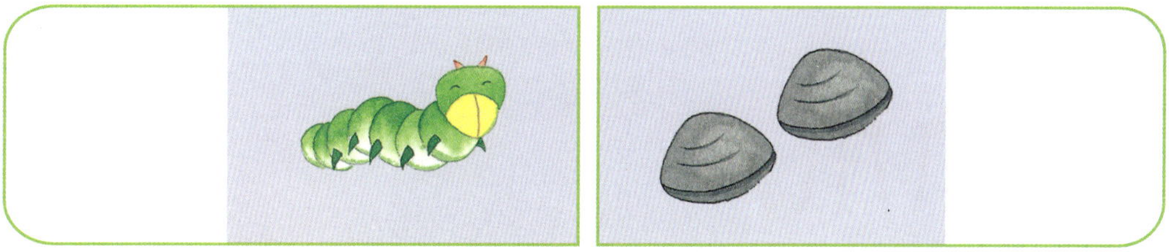

5

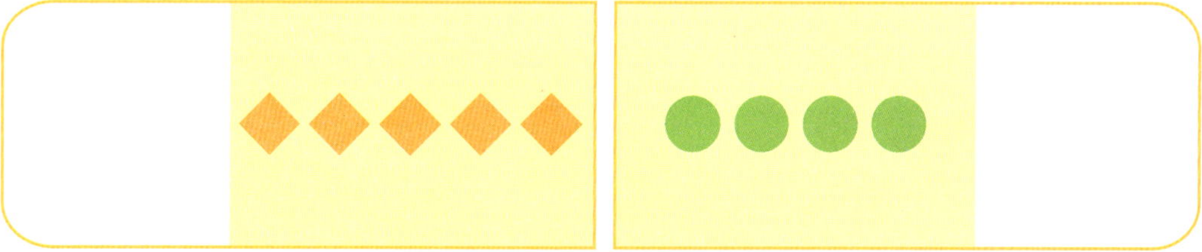

👻 다음 그림보다 하나 더 적게 △를 그리시오.(6~10)

6

7

8

9

10

E-12a

★ 이름 :

★ 날짜 :

★ 시간 :　시　분~　시　분

확인

🐸 다음 □ 안에 수를 써넣고 알맞은 말에 ○표 하시오.(1~3)

**1**

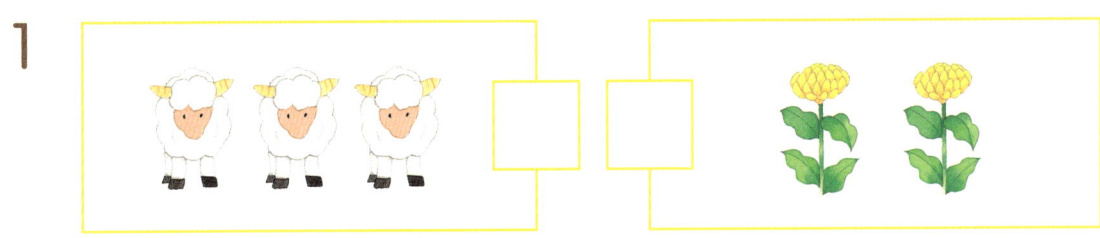

(1) 3은 2보다　큽니다,　작습니다　.

(2) 2는 3보다　큽니다,　작습니다　.

**2**

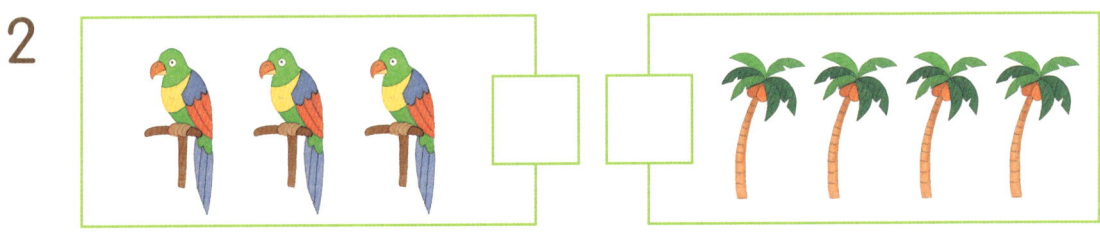

(1) 3은 4보다　큽니다,　작습니다　.

(2) 4는 3보다　큽니다,　작습니다　.

**3**

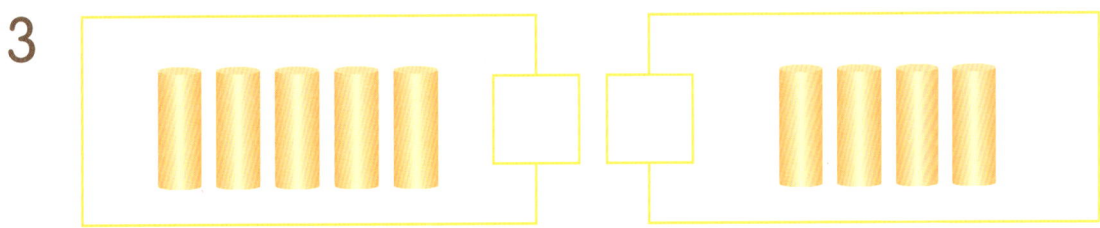

(1) 5는 4보다　큽니다,　작습니다　.

(2) 4는 5보다　큽니다,　작습니다　.

사고력 학습

👻 알맞은 말에 ○표 하시오.(4~11)

**4** 2는 1보다 　큽니다,　　작습니다　.

**5** 3은 2보다 　큽니다,　　작습니다　.

**6** 1은 2보다 　큽니다,　　작습니다　.

**7** 넷은 하나보다 　많습니다,　　적습니다　.

**8** 셋은 둘보다 　많습니다,　　적습니다　.

**9** 넷은 다섯보다 　많습니다,　　적습니다　.

**10** 1은 2보다 　| 작은 수입니다,　　| 큰 수입니다　.

**11** 5는 4보다 　| 작은 수입니다,　　| 큰 수입니다　.

★ 이름 :

★ 날짜 :

★ 시간 :　시　　분 ~　시　　분

확인

## 🌐 창의력 학습

아기 사슴이 숫자 3의 나라에 왔습니다. 이곳은 개수도 세 개, 숫자도 3, 순서도 셋째인 곳으로만 다녀야 합니다. 숫자 3이 아닌 곳에는 폭탄 이 숨겨져 있습니다. 아기 사슴이 무사히 엄마 사슴을 찾아갈 수 있도 록 선으로 이어 보시오.

수 1과 관련된 것은 빨간색, 수 2와 관련된 것은 파란색, 수 4와 관련된 것은 노란색, 수 5와 관련된 것은 초록색으로 ○ 안을 색칠해 보시오.

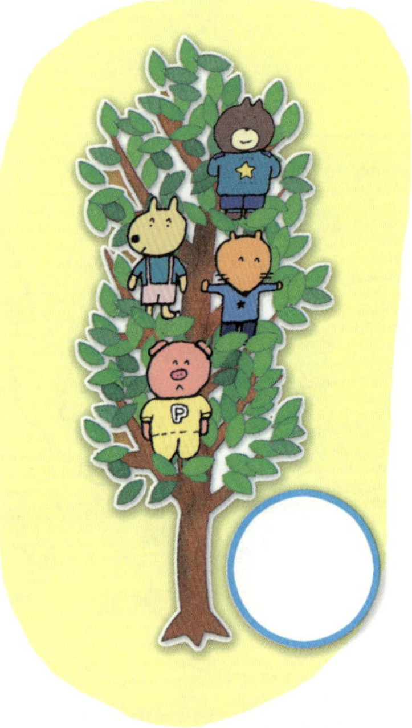

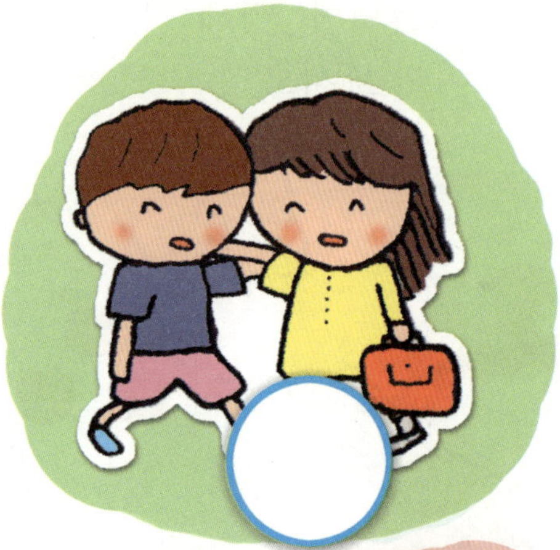

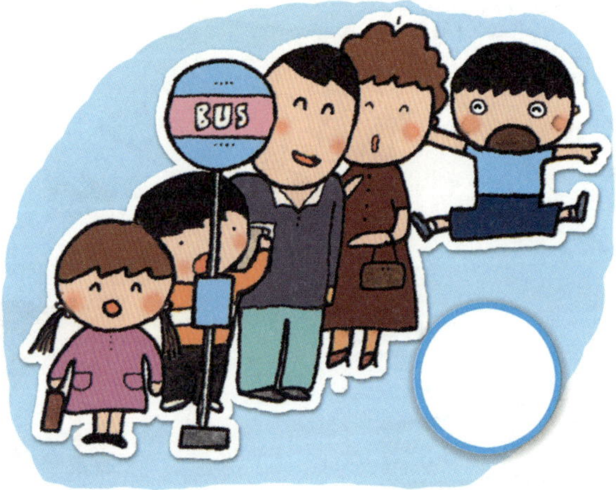

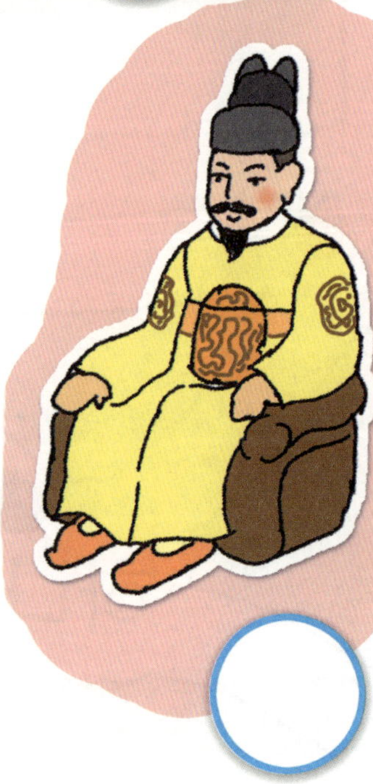

★ 이름 :

★ 날짜 :

★ 시간 :　시　분~　시　분

확인

 **경시 대회 예상 문제**

**1** 그림을 보고 □ 안에 알맞은 수를 써넣으시오.

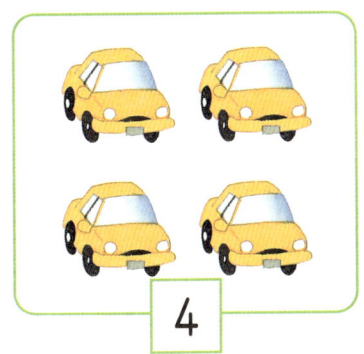

4

3

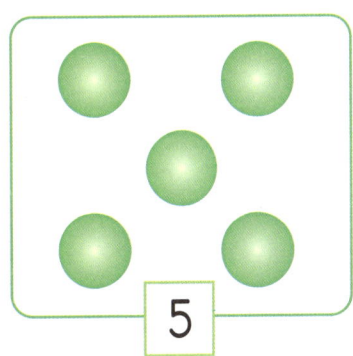

5

(1) 가장 큰 수는 □ 입니다.

(2) 가장 작은 수는 □ 입니다.

(3) 자동차 수는 화분 수보다 □ 큰 수입니다.

**2** 알맞은 말을 [보기]에서 골라 □ 안에 써넣으시오.

| 보기 | 큽니다,　　작습니다 |
| --- | --- |

(1) 2는 4보다 □ .

(2) 3은 l보다 □ .

**3** 빈 곳에 알맞은 수를 써넣으시오.

(1)

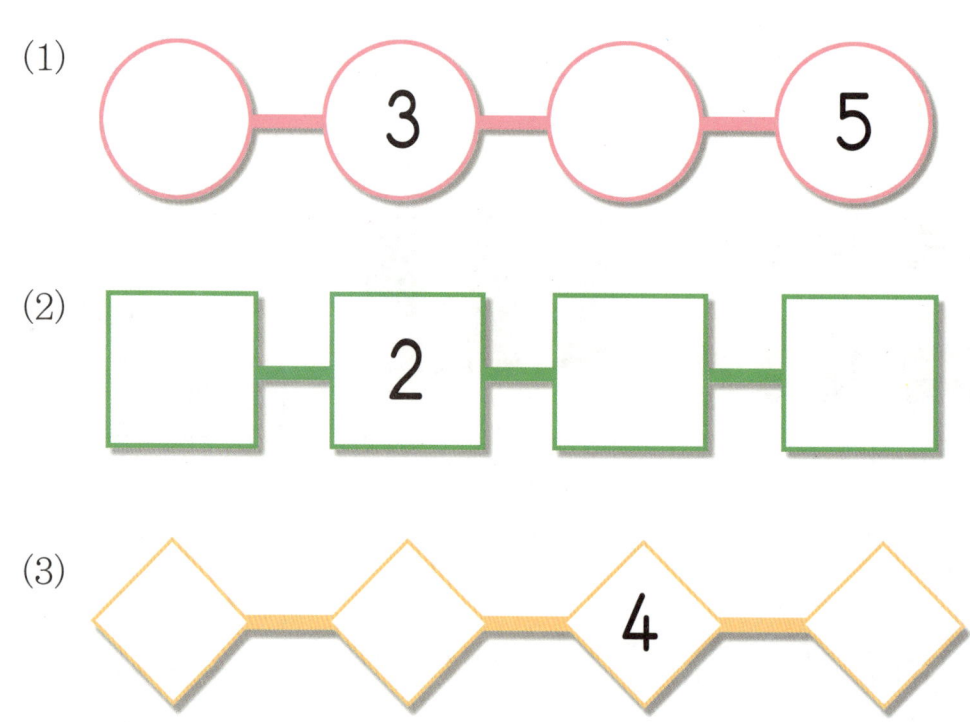

(2)

(3)

**4** 왼쪽의 수보다 1 큰 수를 쓰시오.

(1) 3 ☐    (2) 1 ☐

(3) 4 ☐    (4) 2 ☐

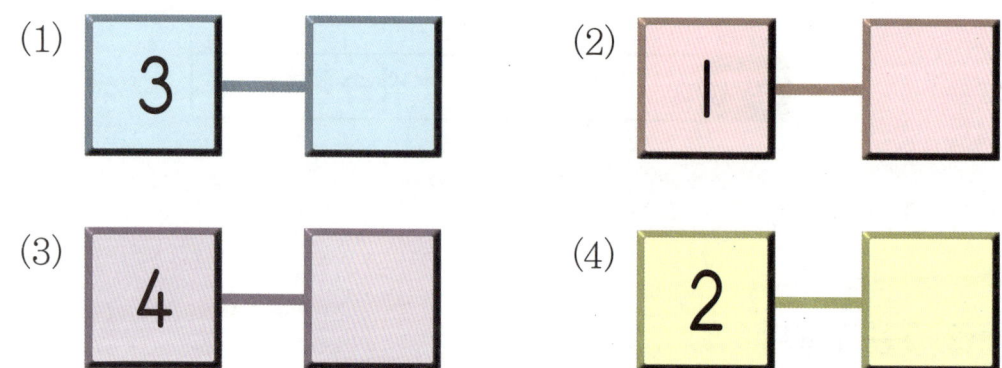

**E-15a**

**5** 가장 작은 수부터 차례대로 써넣으시오.

| 1 | 3 | 5 | 0 | 2 | 4 |

**6** ○의 수가 5가 되도록 더 그려 넣으시오.

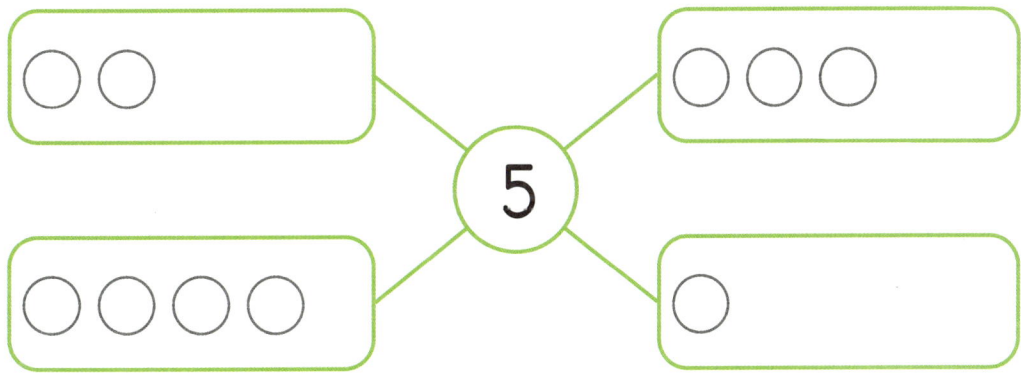

**7** 두 수 사이의 수를 쓰시오.

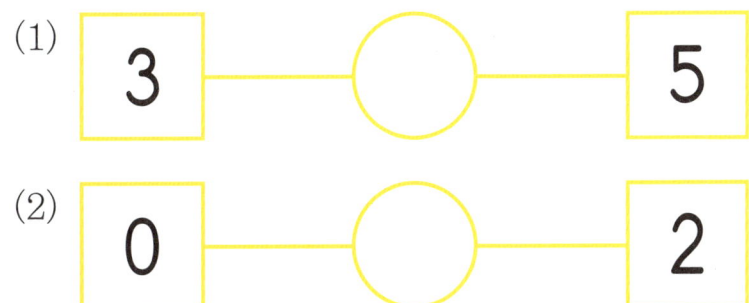

(1) 3 ◯ 5

(2) 0 ◯ 2

**8** 가운데 수보다 2 작은 수와 2 큰 수를 각각 쓰시오.

(1)
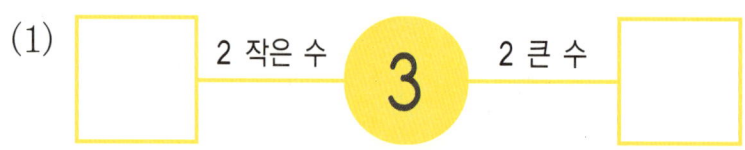

| | 2 작은 수 | **3** | 2 큰 수 | |

(2)

| | 2 작은 수 | **2** | 2 큰 수 | |

**9** 풍선을 언니는 4개 가지고 있고, 동생은 2개 가지고 있습니다. 누가 몇 개 더 많이 가지고 있습니까?

[답] _____

**10** 다음은 어떤 수입니까?

(1) 1과 4 사이에 있고 2보다 큰 수입니다.

[답] _____

(2) 0과 3 사이에 있고 2보다 작은 수입니다.

[답] _____

사고력도 탄탄! 창의력도 탄탄!
기탄**고력**수학

# E1

.. E16a ~ E30b

## 학습 관리표

| 학습 내용 | | 이번 주는? |
|---|---|---|
| **9까지의 수** | · 사물의 개수를 세어 보고 6, 7, 8, 9 알아보기<br>· 0~9까지의 수의 순서 알기<br>· 하나 더 많다, 적다의 개념 알기<br>· 두 수의 크기 비교하기<br>· 창의력 학습<br>· 경시 대회 예상 문제 | • 학습 방법 : ① 매일매일  ② 가끔  ③ 한꺼번에 하였습니다.<br>• 학습 태도 : ① 스스로 잘  ② 시켜서 억지로 하였습니다.<br>• 학습 흥미 : ① 재미있게  ② 싫증내며 하였습니다.<br>• 교재 내용 : ① 적합하다고  ② 어렵다고  ③ 쉽다고 하였습니다. |

| 지도 교사가 부모님께 | 부모님이 지도 교사께 |
|---|---|
| | |

| 평가 | Ⓐ 아주 잘함 | Ⓑ 잘함 | Ⓒ 보통 | Ⓓ 부족함 |
|---|---|---|---|---|

원(교)          반          이름          전화

기초부터 탄탄하게
**G 기탄교육**
www.gitan.co.kr / (02)586-1007(대)

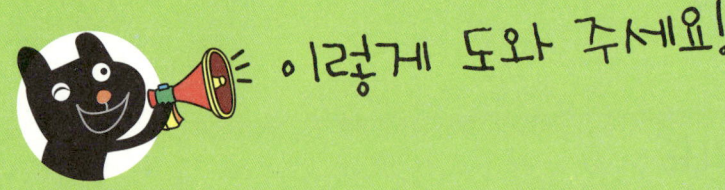

이렇게 도와 주세요!

## ● 학습 목표
– 수 6, 7, 8, 9를 이해하고 쓰고 읽을 수 있다.
– 0~9까지의 수의 차례를 알고 나타낼 수 있다.
– 수 6, 7, 8, 9의 크기를 비교하여 말로 나타낼 수 있다.

## ● 지도 내용
– 구체물, 반구체물을 세어 보고 수로 나타내 보게 한다.
– 6, 7, 8, 9의 개념을 알아보고 읽고 써 보게 한다.
– 순서적 의미를 알아보게 한다.
– 활동을 통해 개수보다 수가 하나 더 많은 것과 하나 더 적은 것을 알아보고, 주어진
 개수보다 하나 더 많게 또는 하나 더 적게 나타내 보게 한다.
– 그림을 보고 수의 크기를 비교하여 '~보다 큽니다', '~보다 작습니다'로 나타내
 보게 한다.

## ● 지도 요점
구체물, 반구체물 등을 이용하여 0에서 9까지의 수를 익힐 수 있도록 지도합니다. 0
부터 9까지의 수가 순서적 의미들이 있음을 아이들이 구분하여 이해할 수 있도록 해
야 합니다.
0부터 9까지의 수는 우리가 일상생활에서 흔히 사용하는 수의 기본입니다. 수를 세는
방법은 다양한데, 그중에서 우리가 사용하는 것은 숫자 10을 사용하여 수를 나타내는
십진기수법입니다.
따라서 0부터 9까지의 수를 익혀야 큰 수로의 확대뿐 아니라 두 자리 수의 형식성을
이해할 수 있습니다.

✿ 이름 :

✿ 날짜 :

✿ 시간 :  시  분 ~  시  분

확인

🐸 다음 그림을 세어 보고 같은 수만큼 색칠하시오.(1~4)

**1**

**2**

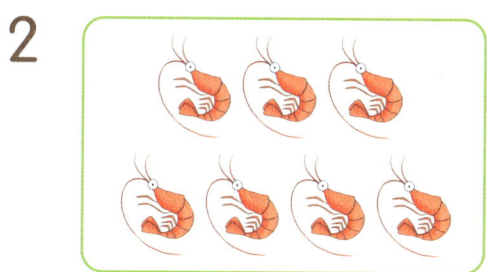 

**3**

 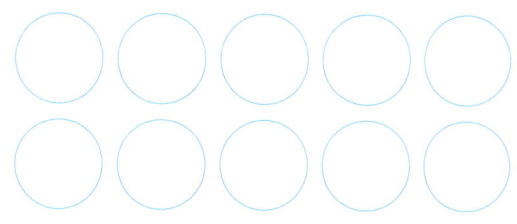

**4**

**E-16b**

다음 그림을 세어 보고 같은 수만큼 ○를 그리시오.(5~8)

5

6

7
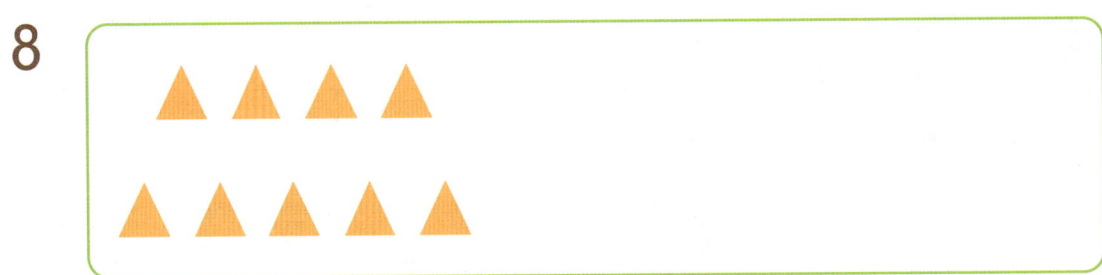

8

✿ 이름 :

✿ 날짜 :

✿ 시간 :  　시　　분 ~ 　시　　분

확인

🐸 다음 수를 읽으면서 써 보시오.(1~5)

**1**  다섯 / 오  5

**2**  여섯 / 육  6

**3**  일곱 / 칠  7

**4**  여덟 / 팔  8

**5**  아홉 / 구  9

E-17b

🐾 다음 그림을 세어 보고 알맞은 수에 ○표 하시오.(6~10)

6

5 ⬚6⬚ 7 8 9

7

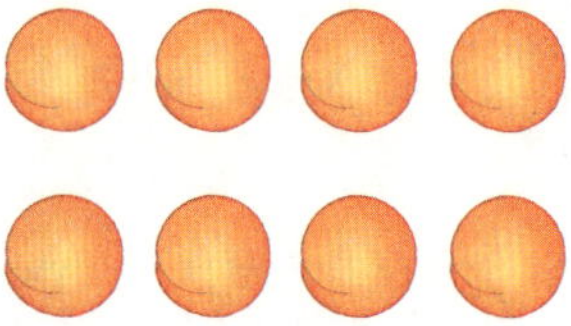

5 6 7 8 9

8

5 6 7 8 9

9

5 6 7 8 9

10

5 6 7 8 9

🚗 사고력 학습

★ 이름 :

★ 날짜 :

★ 시간 :  　시  　분 ～  　시  　분

확인

🐸 다음 □ 안에 알맞은 말을 써넣으시오.(1~3)

**1**

| 하나 | 둘 | 셋 | | |
|---|---|---|---|---|

| 여섯 | | 여덟 | |
|---|---|---|---|

**2**

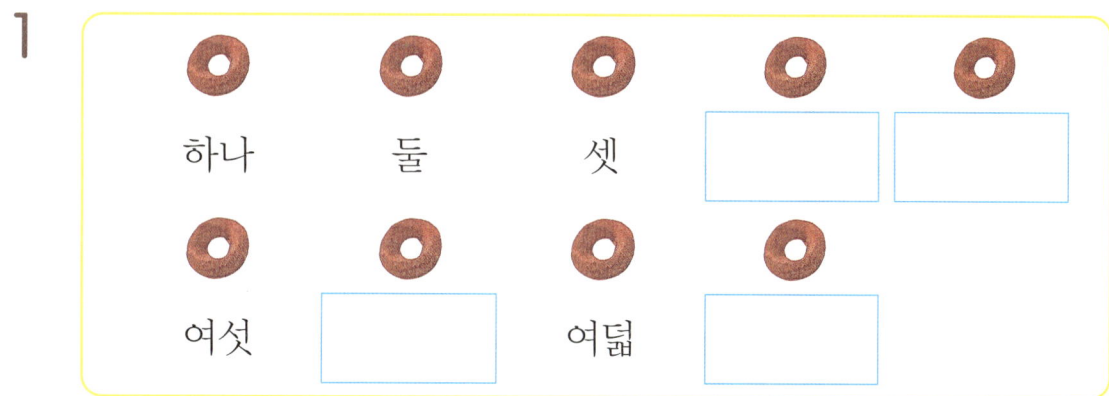

| 하나 | | | 넷 | 다섯 |
|---|---|---|---|---|

| 여섯 | 일곱 | | 아홉 |
|---|---|---|---|

**3**

| 하나 | 둘 | 셋 | 넷 | 다섯 |
|---|---|---|---|---|

| | | | |
|---|---|---|---|

다음 그림을 세어 보고 빈 곳에 알맞은 말을 쓰시오.(4~7)

4

여섯

5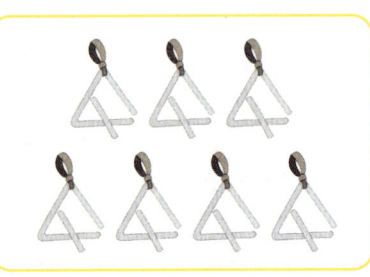

6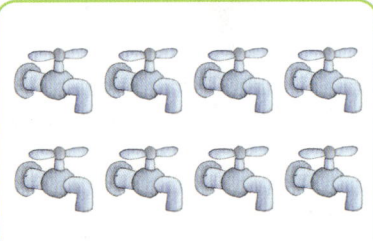

7

E-19a

🐸 다음 빈 곳에 알맞은 수나 말을 써넣으시오.(1~4)

1  ➡  ➡  6  ➡  여섯

2  ➡  ➡  　　➡

3  ➡  ➡  　　➡

4  ➡  ➡  　　➡

사고력 학습

**5** 그림을 보고 관계있는 것끼리 선으로 이으시오.

 •

•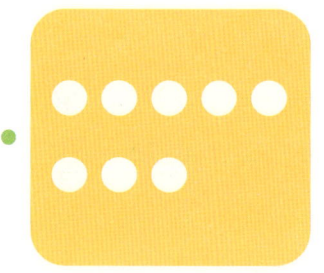

 •

•

 •

•

 •

•

✿ 이름 :

✿ 날짜 :

✿ 시간 :  시  분 ~  시  분

확인

🐸 다음 그림을 세어 보고 같은 수에 ○표 하시오.(1~4)

**1**

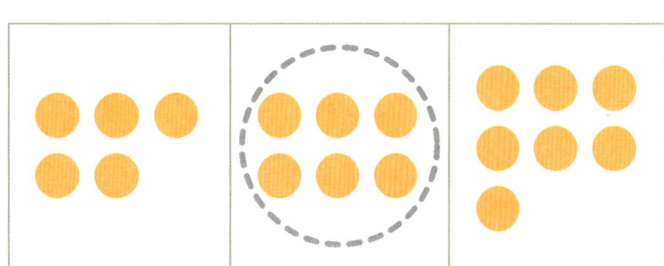

**2**

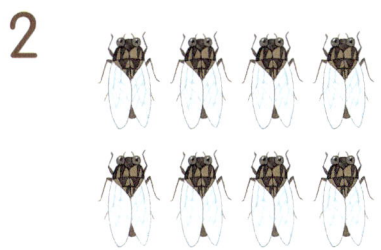

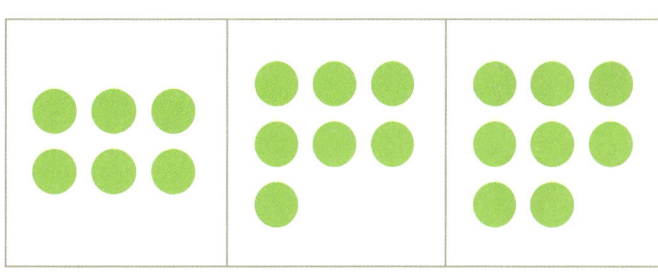

**3**

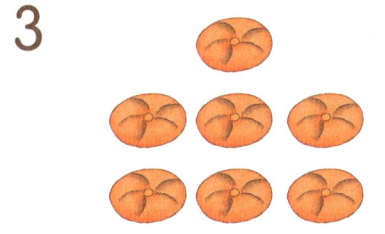

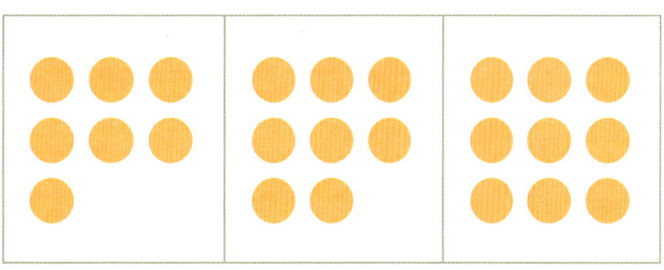

**4**

**5** 그림을 보고 관계있는 것끼리 선으로 이으시오.

✿ 이름 :

✿ 날짜 :

✿ 시간 :　　시　　분 ~ 　시　　분

확인

🐸 다음 그림을 보고 같은 수만큼 ○를 그리시오.(1~3)

1　　잠자리

2　　벌

3　　나비

**4** 관계있는 것끼리 선으로 이으시오.

 •　• 다섯 •　• 9

 •　• 일곱 •　• 7

 •　• 아홉 •　• 5

 •　• 여섯 •　• 8

•　• 여덟 •　• 6

✿ 이름 :

✿ 날짜 :

✿ 시간 :   시   분 ~   시   분

확인

🐸 순서에 맞게 색칠하여 보시오.(1~4)

1 [일곱째]

2 [여섯째]

3 [여덟째]

4 [아홉째]

사고력 학습

**5** 다음 빈칸에 알맞은 수나 말을 써넣으시오.

| 개 수 | 수 | 읽기, 쓰기 | |
|---|---|---|---|
| ○○○○○○○○○○ | 0 | 영 | |
| ●○○○○○○○○○ | 1 | 일 | 하나 |
| ●●○○○○○○○○ | | | |
| ●●●○○○○○○○ | | | |
| ●●●●○○○○○○ | | | |
| ●●●●●○○○○○ | 5 | 오 | |
| ●●●●●●○○○○ | | | |
| ●●●●●●●○○○ | | | 일곱 |
| ●●●●●●●●○○ | | | |
| ●●●●●●●●●○ | | | |

E-23a

✿ 이름 :

✿ 날짜 :

✿ 시간 : 시 분 ~ 시 분

확인

🐸 다음 빈 곳에 순서에 맞게 알맞은 수나 말을 써넣으시오.(1~5)

**1**

| 5 | | 7 | | |
|---|---|---|---|---|

**2**

| 다섯 | | | 여덟 | |
|---|---|---|---|---|

**3**

| | 여섯째 | | | 아홉째 |
|---|---|---|---|---|

**4**

| 5층 | 6층 | | | |
|---|---|---|---|---|

**5**

| | | | | 9번 |
|---|---|---|---|---|

사고력 학습

👻 알맞게 색칠해 보시오.(6~9)

**6** 여섯

여섯째

**7** 일곱

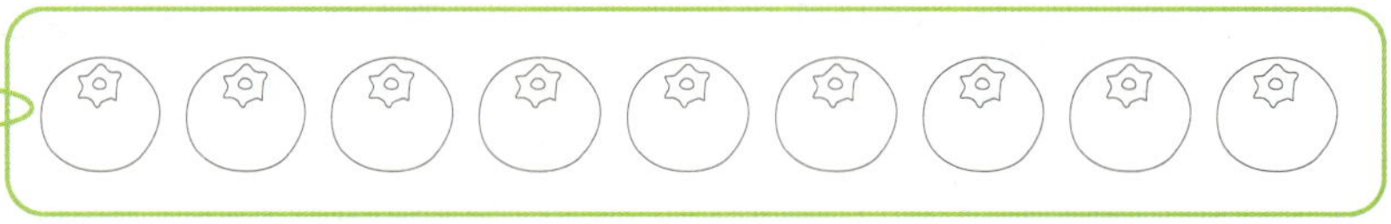

일곱째

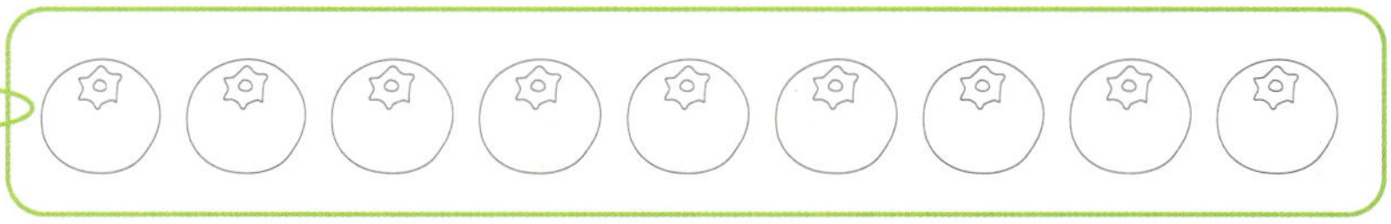

**8** 여덟

여덟째

**9** 아홉

아홉째

E-24a

● 이름 :

● 날짜 :

● 시간 :　시　분～　시　분

확인

🐸 다음 그림보다 하나 더 많게 ○를 그리시오.(1~5)

**1**

**2**

**3**

**4**

**5**

사고력 학습

👻 다음 그림보다 하나 더 적게 △를 그리시오.(6~9)

**6**

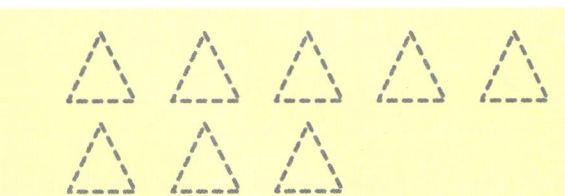

**7**

**8**

**9**

✿ 이름 :

✿ 날짜 :

✿ 시간 :     시     분 ~     시     분

확인

🐸 다음 그림을 세어 보고 하나 더 많은 쪽에 ◯표 하시오.(1~5)

1

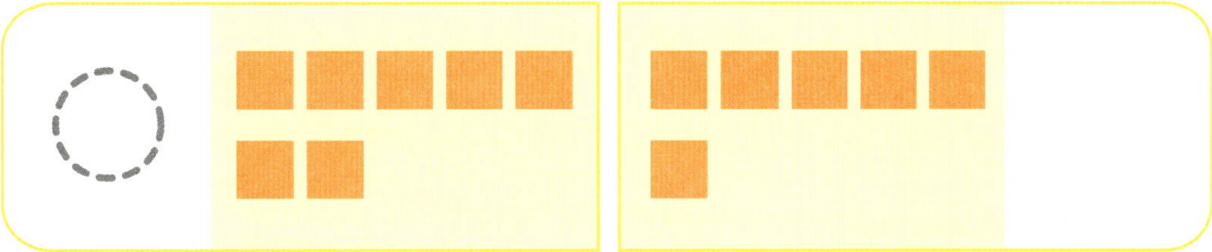

2

3

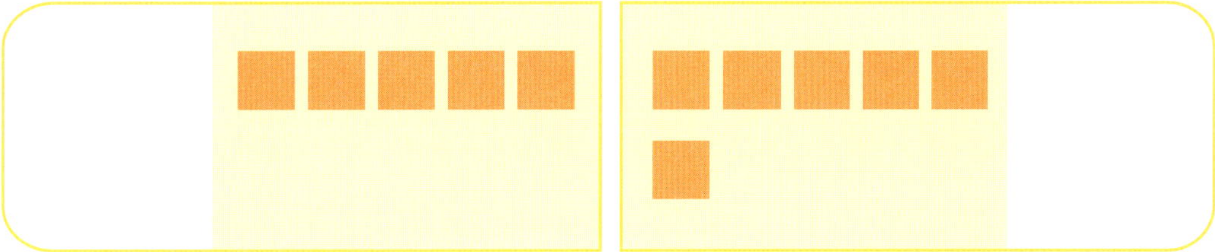

4

5

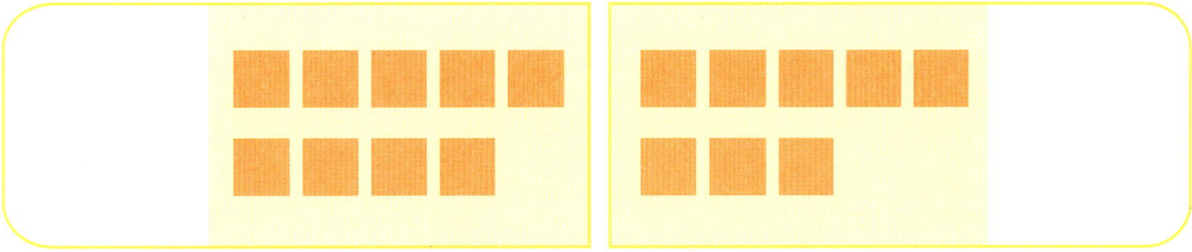

# E-25b

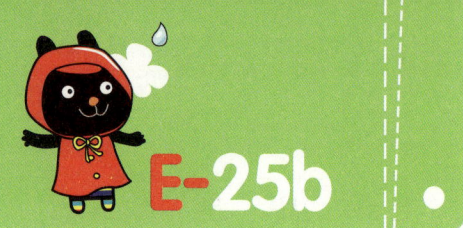

다음 그림보다 하나 더 많게 ◯를 그리시오.(6~10)

6

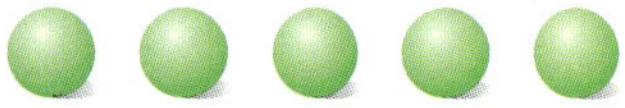

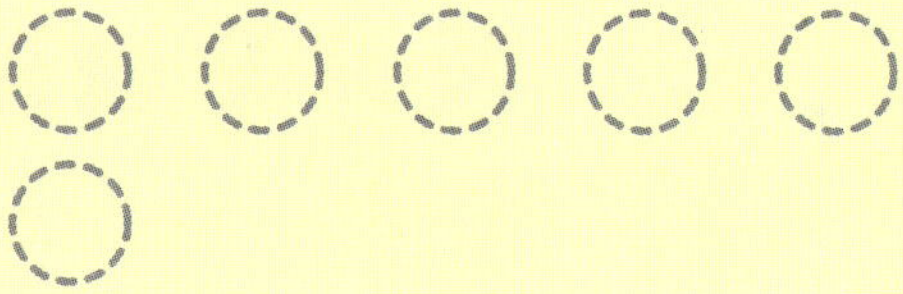

7

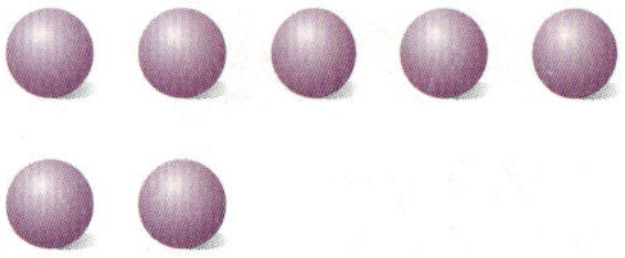

8

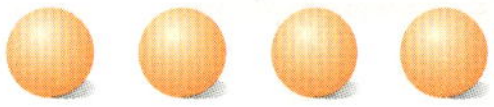

9

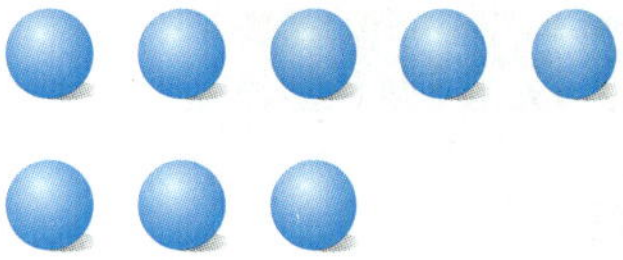

10

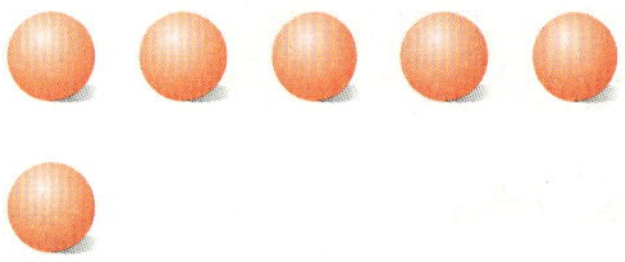

★ 이름 :

★ 날짜 :

★ 시간 : 　시　분 ~ 　시　분

확인

🐸 다음 그림을 세어 보고 하나 더 적은 쪽에 △표 하시오.(1~5)

**1**

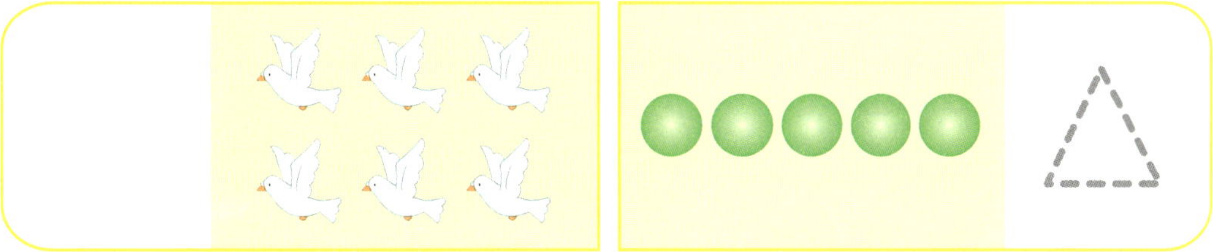

**2**

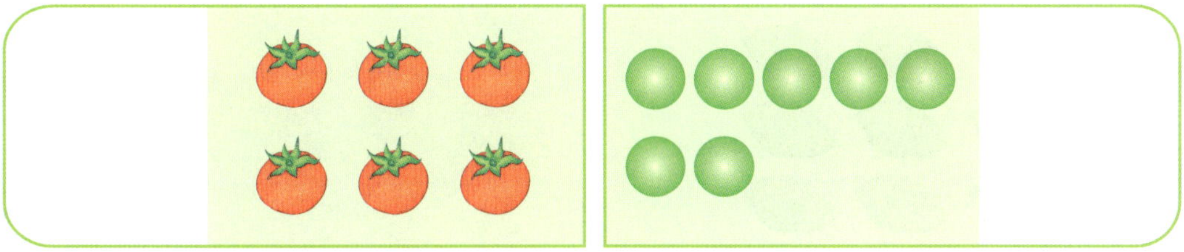

**3**

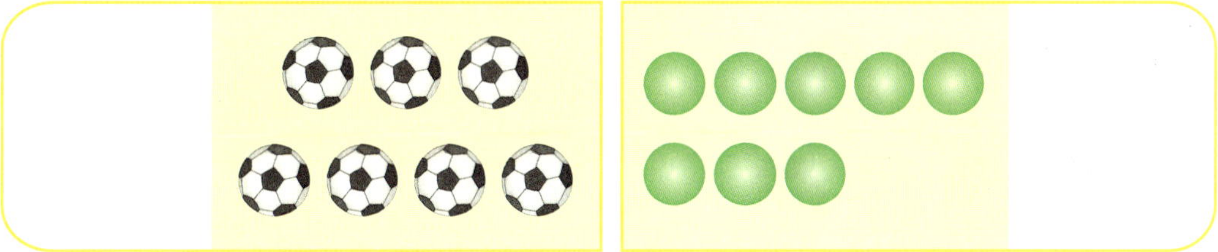

**4**

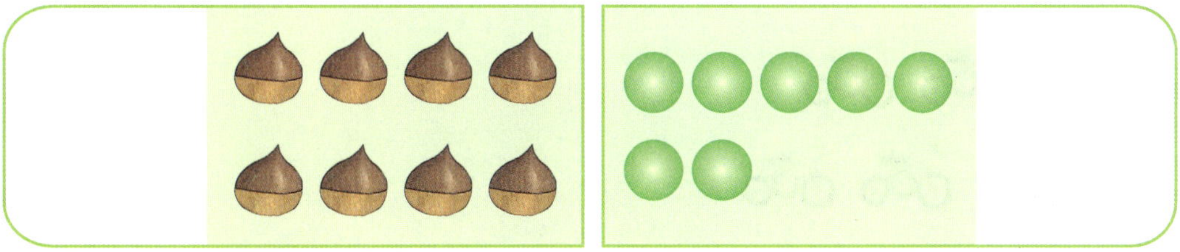

**5**

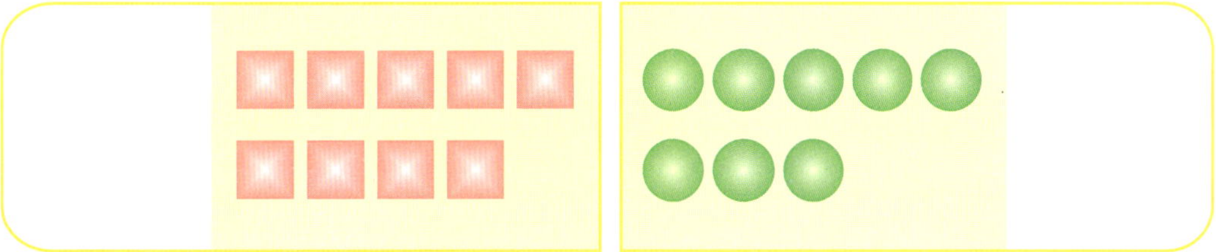

사고력 학습

E-26b

👻 다음 그림보다 하나 더 적게 △를 그리시오.(6~10)

6 △ △ △ △ △
　　△ △

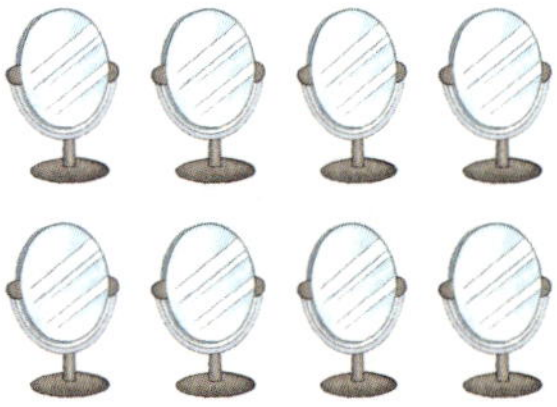

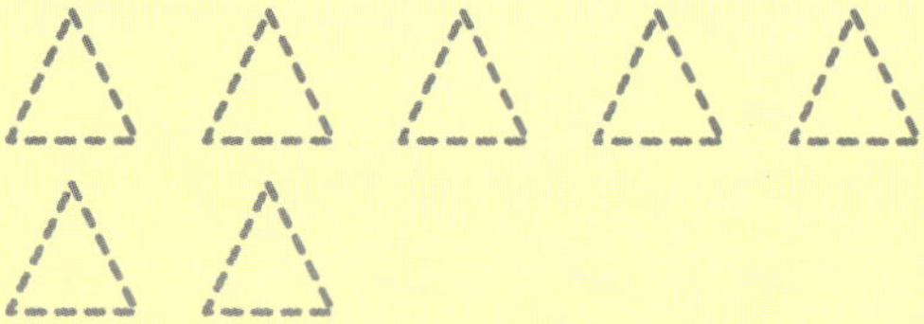

7

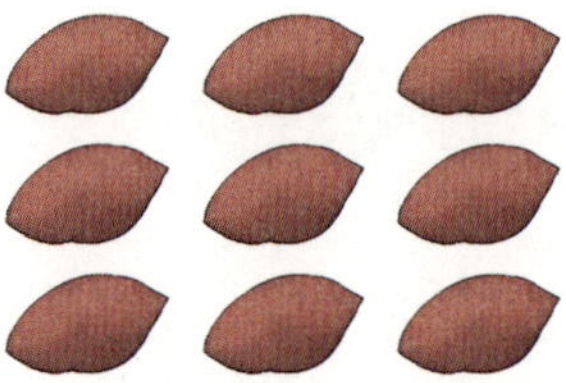

8

9

10

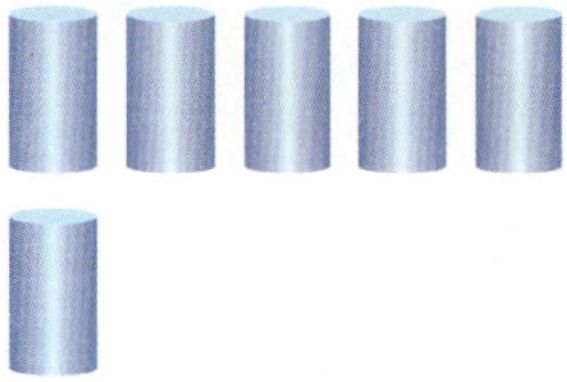

★ 이름 :

★ 날짜 :

★ 시간 :  시  분 ~  시  분

확인

🐸 다음 ☐ 안에 수를 써넣고 알맞은 말에 ◯표 하시오. (1~3)

**1**

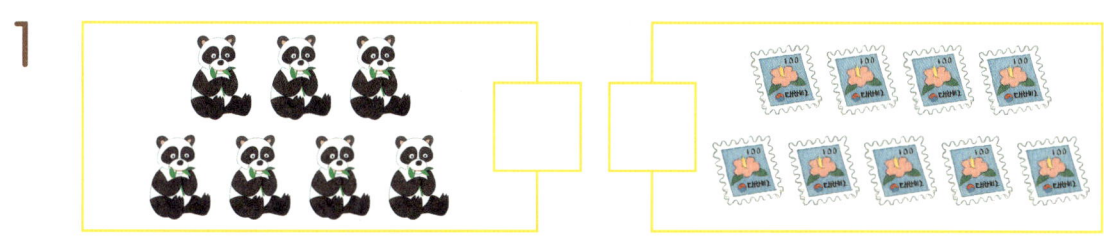

(1) 7은 9보다   큽니다,   작습니다  .

(2) 9는 7보다   큽니다,   작습니다  .

**2**

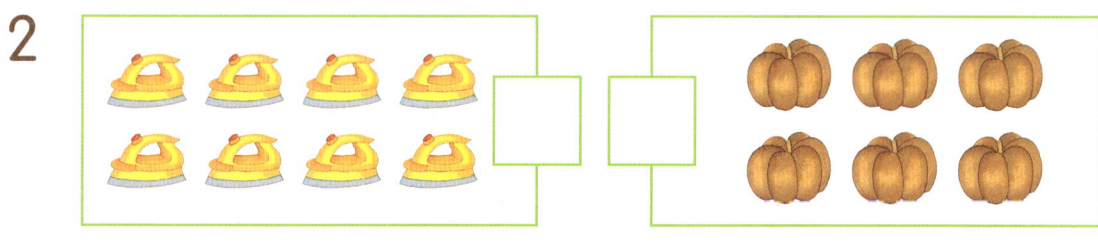

(1) 8은 6보다   큽니다,   작습니다  .

(2) 6은 8보다   큽니다,   작습니다  .

**3**

(1) 9는 7보다   큽니다,   작습니다  .

(2) 7은 9보다   큽니다,   작습니다  .

알맞은 말에 ○표 하시오.(4~12)

**4** 6은 5보다    큽니다,    작습니다 .

**5** 8은 6보다    큽니다,    작습니다 .

**6** 8은 9보다    큽니다,    작습니다 .

**7** 일곱은 다섯보다    많습니다,    적습니다 .

**8** 여덟은 여섯보다    많습니다,    적습니다 .

**9** 넷은 일곱보다    많습니다,    적습니다 .

**10** 8보다 l 작은 수는    7입니다,    9입니다 .

**11** 6보다 l 큰 수는    5입니다,    7입니다 .

**12** 5보다 l 작은 수는    4입니다,    6입니다 .

## 창의력 학습

자동차 경주 대회가 열렸습니다. 토돌이가 경기에 나가려 하고 있습니다. 그런데 이번 대회에는 수수께끼를 풀어야만 차를 탈 수 있다고 합니다. 몇 번 차를 타게 될지 여러분이 토돌이의 차를 찾아보시오.

- 차의 번호는 1보다 크고 5보다 작은 수
- 깃발을 2보다 1 작은 수만큼 꽂고 있는 차
- 빨간색 자동차의 왼쪽에 있는 자동차

E-28b

나는 무엇입니까? 보기를 읽고 수를 찾은 다음에 나를 찾아와 보시오.

보
- 9보다 작은 수입니다.
- 5보다 큰 수입니다.

기
- 어버이날과 관계가 있습니다.

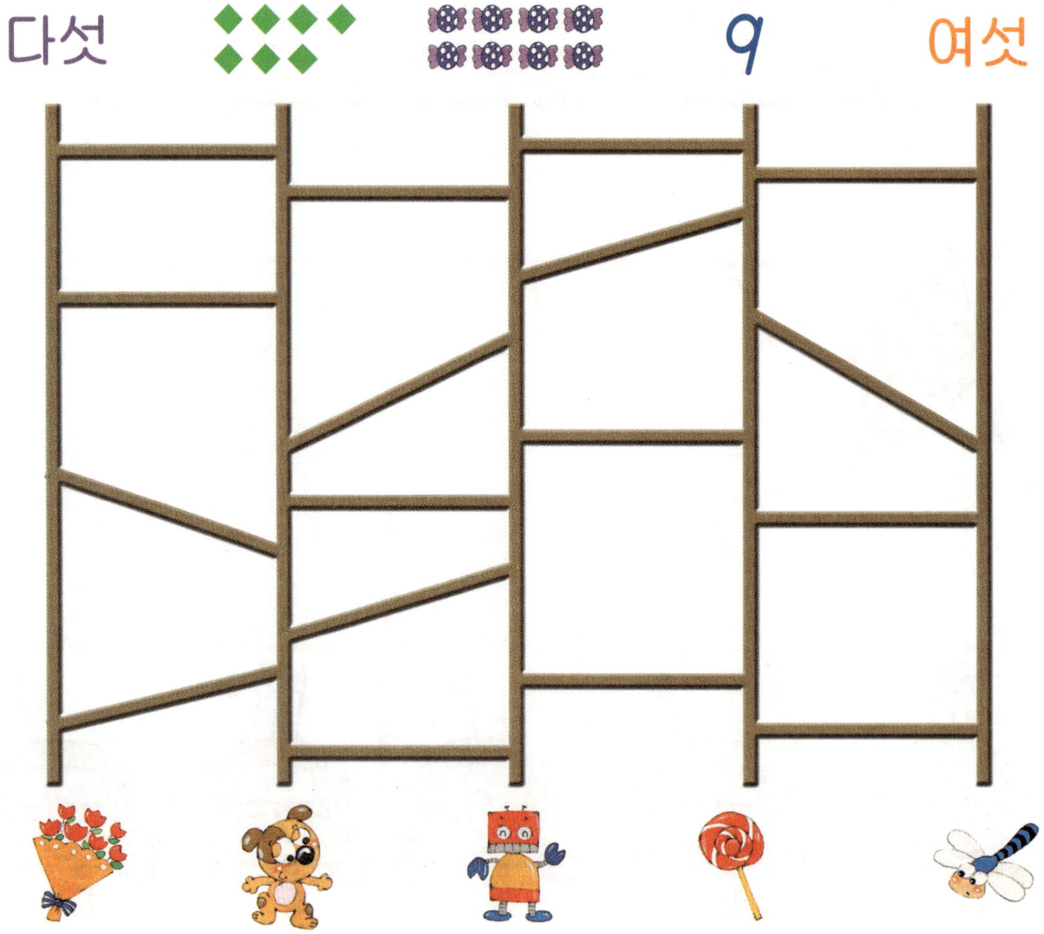

다섯 ◆◆◆◆ 🌸🌸🌸🌸 9 여섯

✿ 이름 :

✿ 날짜 :

✿ 시간 :　시　분 ~　시　분

확인

# ➕ 경시 대회 예상 문제

**1** 다음 수를 보고 ☐ 안에 알맞은 수를 써넣으시오.

4　　9　　7　　5　　8

(1) 가장 큰 수는 ☐ 입니다.

(2) 가장 작은 수는 ☐ 입니다.

(3) 9보다 1 작은 수는 ☐ 입니다.

(4) 두 번째로 작은 수는 ☐ 입니다.

(5) 세 번째로 큰 수는 ☐ 입니다.

**2** 빈 곳에 알맞은 수를 써넣으시오.

(1)

4 ┄ ☐ ┄ 6 ┄ ☐ ┄ ☐

(2)

9 ┄ ☐ ┄ 7 ┄ ☐ ┄ ☐

**3** 다음을 읽고 맞는 것은 ○표, 틀린 것은 ✕표 하시오.

(1) 4는 5보다 1 작은 수입니다. ┄┄┄┄┄┄┄┄ (　　)

(2) 6보다 2 큰 수는 8입니다. ┄┄┄┄┄┄┄┄ (　　)

(3) 아무것도 없음을 나타내는 수는 0입니다. ┄┄┄┄ (　　)

(4) 9는 1보다 작습니다. ┄┄┄┄┄┄┄┄┄ (　　)

(5) 7보다 1 큰 수는 6입니다. ┄┄┄┄┄┄┄┄ (　　)

**4** 5보다 2 큰 수는 몇입니까?

[답]

**5** 9는 7보다 몇 큰 수입니까?

[답]

**6** 사탕이 5개 있습니다. 사탕이 7개가 되려면 몇 개 더 있어야 합니까?

[답]

**7** 다음 수를 보고 물음에 답하시오.

$$4 \quad 8 \quad 6 \quad 9 \quad 7 \quad 5$$

(1) 가장 작은 수부터 차례대로 쓰시오.

[답]

(2) 가장 큰 수부터 차례대로 쓰시오.

[답]

**8** 다음 수를 보고 물음에 답하시오.

$$0 \quad 1 \quad 2 \quad 3 \quad 4 \quad 5 \quad 6 \quad 7 \quad 8 \quad 9$$

(1) 6과 9 사이에 있으며 7보다 큽니다.

[답]

(2) 4와 8 사이에 있으며 9보다 2 작은 수입니다.

[답]

(3) 3과 7 사이의 수 중에서 가장 큰 수입니다.

[답]

**9** 다음 중 수가 <u>다른</u> 하나는 어느 것입니까?

①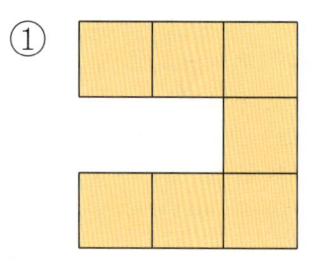

②

③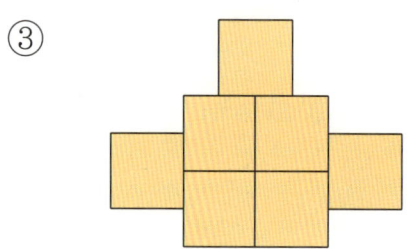

④

**10** 동생의 나이는 7살입니다. 오빠의 나이는 동생보다 2살 더 많습니다. 오빠의 나이는 몇 살입니까?

[답]

**11** I부터 차례대로 쓸 때, 3보다 먼저 나오는 수는 어떤 수입니까? 그 수를 모두 쓰시오.

[답]

# E1

🐎 **E31a ~ E45b**

 ## 학습 관리표

| 학습 내용 | | 이번 주는? |
|---|---|---|
| **여러 가지 모양** | · 여러 가지 모양 알아보고 찾아보기<br>· 여러 가지 모양 만들어 보기<br>· 규칙 찾기<br>· 창의력 학습<br>· 경시 대회 예상 문제 | • 학습 방법 : ① 매일매일　② 가끔　③ 한꺼번에<br>　　　　　하였습니다.<br>• 학습 태도 : ① 스스로 잘　② 시켜서 억지로<br>　　　　　하였습니다.<br>• 학습 흥미 : ① 재미있게　② 싫증내며<br>　　　　　하였습니다.<br>• 교재 내용 : ① 적합하다고　② 어렵다고　③ 쉽다고<br>　　　　　하였습니다. |

| 지도 교사가 부모님께 | 부모님이 지도 교사께 |
|---|---|
| | |

| 평가 | Ⓐ 아주 잘함　　Ⓑ 잘함　　Ⓒ 보통　　Ⓓ 부족함 |
|---|---|

원(교)　　　　반　이름　　　　　전화

**기탄교육**
www.gitan.co.kr / (02)586-1007(대)

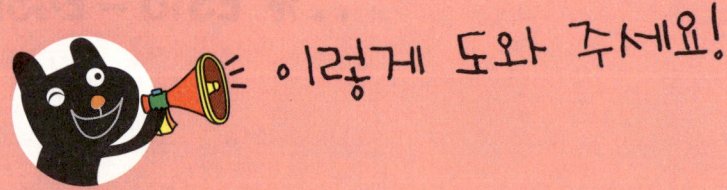

이렇게 도와 주세요!

● **학습 목표**
– 여러 가지 모양을 구분하고 찾을 수 있다.
– 여러 가지 모양을 이용하여 재미있는 모양들을 만들 수 있다.
– 생활 주변에서 물체나 무늬의 규칙적인 배열을 보고 규칙을 찾을 수 있다.

● **지도 내용**
– 🧊 모양은 네모난 상자 모양, 벽돌 모양, 사각기둥 모양, ……으로 부를 수 있다.
  그런데 우리는 상자 모양이라고 부르기로 약속한다.
– 🟩 모양은 둥근기둥 모양, 원통 모양, 원기둥 모양, ……으로 부를 수 있다. 그런데
  우리는 둥근기둥 모양이라고 부르기로 약속한다.
– 🟡 모양은 공 모양, 물방울 모양, 구 모양, ……으로 부를 수 있다. 그런데 우리는
  공 모양이라고 부르기로 약속한다.
– 상자 모양, 둥근기둥 모양, 공 모양을 주변에서 찾아 말해 보게 한다.
– 여러 가지 모양이나 수를 규칙적으로 놓아 보고, 규칙을 찾아보게 한다.
– 상자 모양, 둥근기둥 모양, 공 모양의 물건들을 이용하여 재미있는 모양들을 만들어
  보게 한다.

● **지도 요점**
일상생활에서 만나는 도형은 크게 세 가지가 있으며 이를 상자 모양, 둥근기둥 모양,
공 모양으로 부를 수 있습니다. 이 단원에서는 정확한 상자 모양, 둥근기둥 모양, 공
모양이 아니더라도 상자 모양, 둥근기둥 모양, 공 모양으로 생각하게 합니다.
생활 주변에서 여러 가지 모양을 찾아보고, 이런 모양의 물건을 이용해 재미있는 모
양을 만드는 활동을 통하여 기본적인 입체도형에 대한 감각을 익히게 합니다. 또한
나아가 이런 도형을 규칙적으로 배열하여 규칙성을 알아보고, 그 쓰임을 찾아 설명해
보게 합니다. 규칙에 이용되는 물체의 속성은 크기, 위치, 방향, 색깔 등 아이들의 경
험과 관련된 범위에서 간단한 것을 다루도록 지도합니다.

**이름 :**

**날짜 :**

**시간 :** 시　분～　시　분

확인

🐸 다음 모양의 이름을 쓰시오.(1~3)

(　　　　　　) 모양

🟦 모양은 네모난 상자 모양, 벽돌 모양, 사각기둥 모양, ……으로 부를 수 있어. 그런데 우리는 상자 모양 이라고 부르기로 약속해!

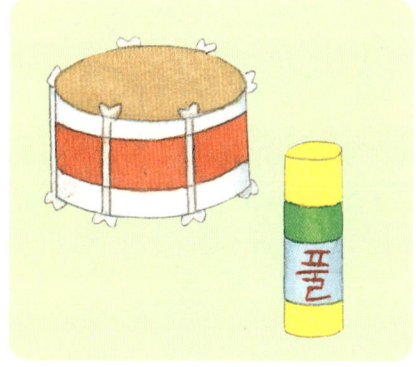

(　　　　　　) 모양

🟢 모양은 둥근기둥 모양, 원통 모양, 원기둥 모양, ……으로 부를 수 있어. 그런데 우리는 둥근기둥 모양 이라고 부르기로 약속해!

(　　　　　　) 모양

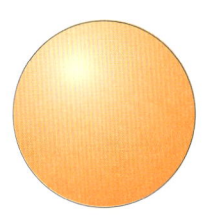

🟠 모양은 공 모양, 물방울 모양, 구 모양, ……으로 부를 수 있어. 그런데 우리는 공 모양이라고 부르기로 약속해!

사고력 학습

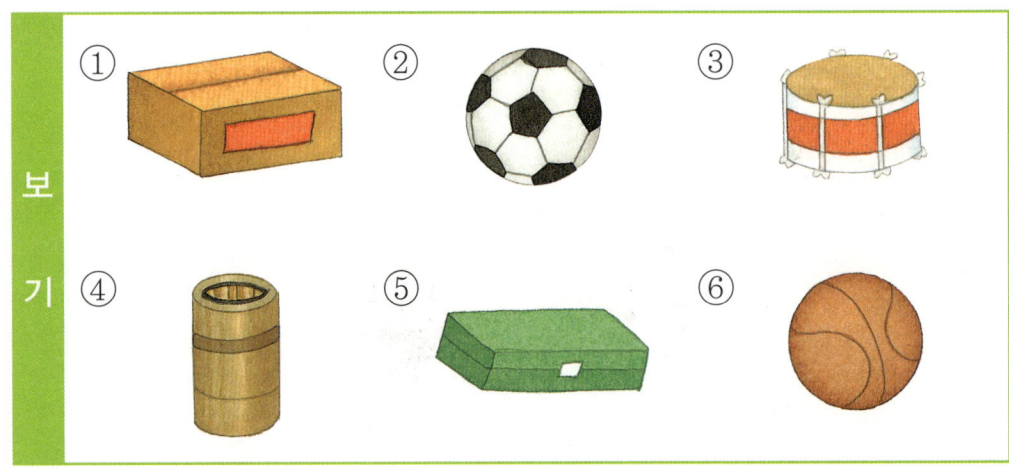

다음과 같은 모양을 [보기]에서 모두 찾아 번호를 쓰시오.(4~6)

**4**  상자 모양 : (                    )

**5**  둥근기둥 모양 : (                    )

**6**  공 모양 : (                    )

**7**  다음에서 둥근기둥 모양인 것은 어느 것입니까?

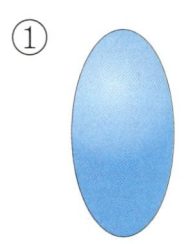

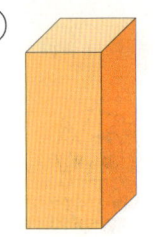

사고력 학습

✿ 이름 :

✿ 날짜 :

✿ 시간 :　시　분 ～　시　분

확인 ⭐

🐸 다음 모양의 이름을 [보기]에서 찾아 쓰시오.(1~3)

| 보기 | 상자 모양　　둥근기둥 모양　　공 모양 |

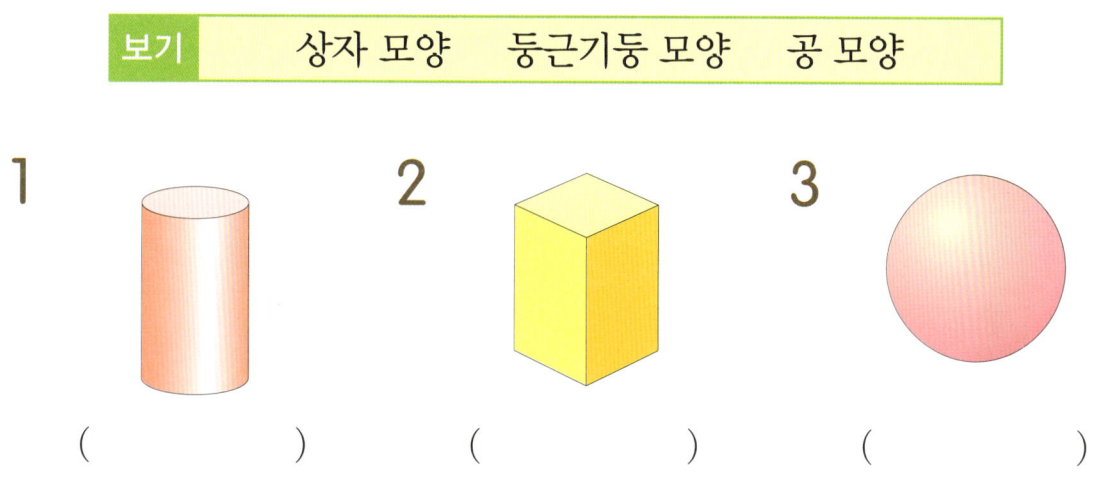

**1**　(　　　　　)　　**2**　(　　　　　)　　**3**　(　　　　　)

**4** 주변에서 볼 수 있는 상자 모양을 찾아 **3**개만 쓰시오.

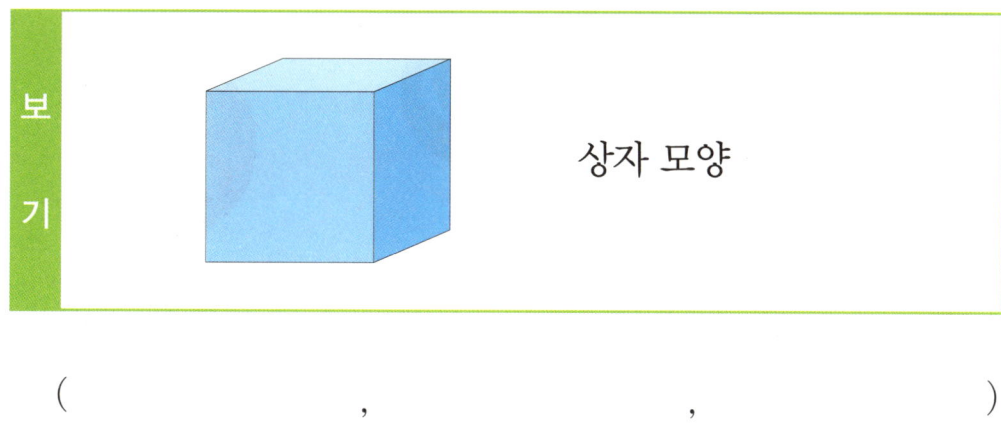

보기　　　　　　　　　상자 모양

(　　　　　　　,　　　　　　　,　　　　　　　)

사고력 학습 🚗

**5** [보기]와 같은 모양을 무엇이라고 합니까?

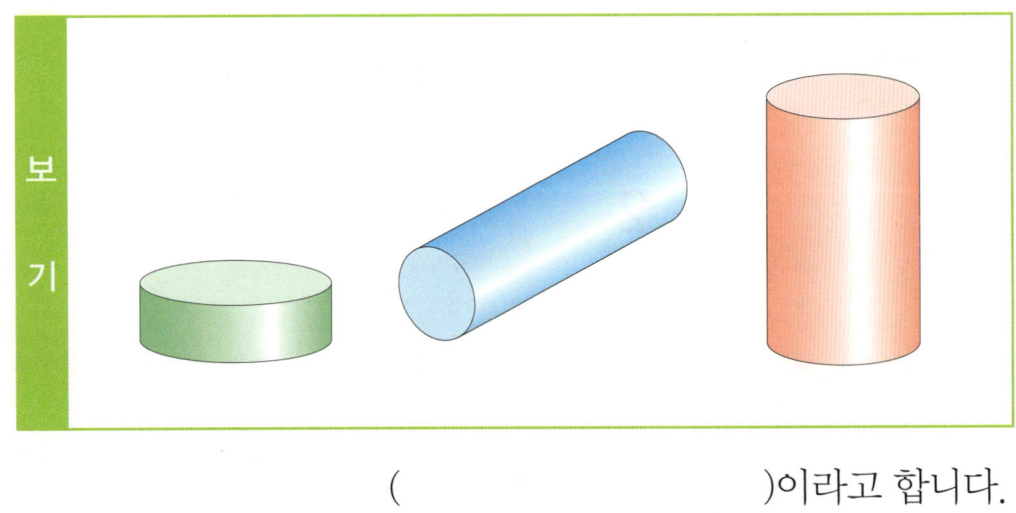

보기

(           )이라고 합니다.

**6** [보기]와 같은 모양을 무엇이라고 합니까?

보기

(           )이라고 합니다.

**이름 :**

**날짜 :**

**시간 :** 시 분 ~ 시 분

확인

**1** 주변에서 볼 수 있는 둥근기둥 모양을 찾아 **3**개만 쓰시오.

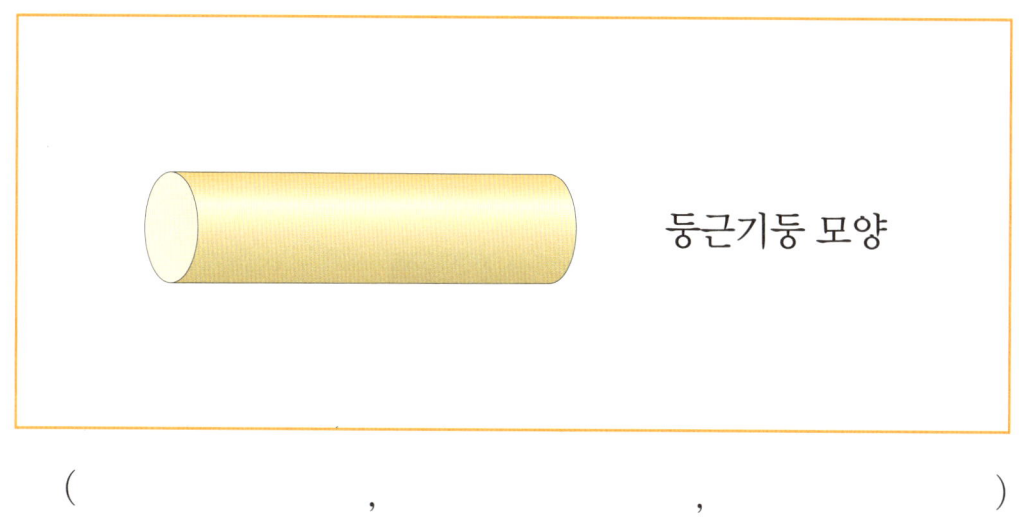

둥근기둥 모양

(        ,        ,        )

**2** 주변에서 볼 수 있는 공 모양을 찾아 **3**개만 쓰시오.

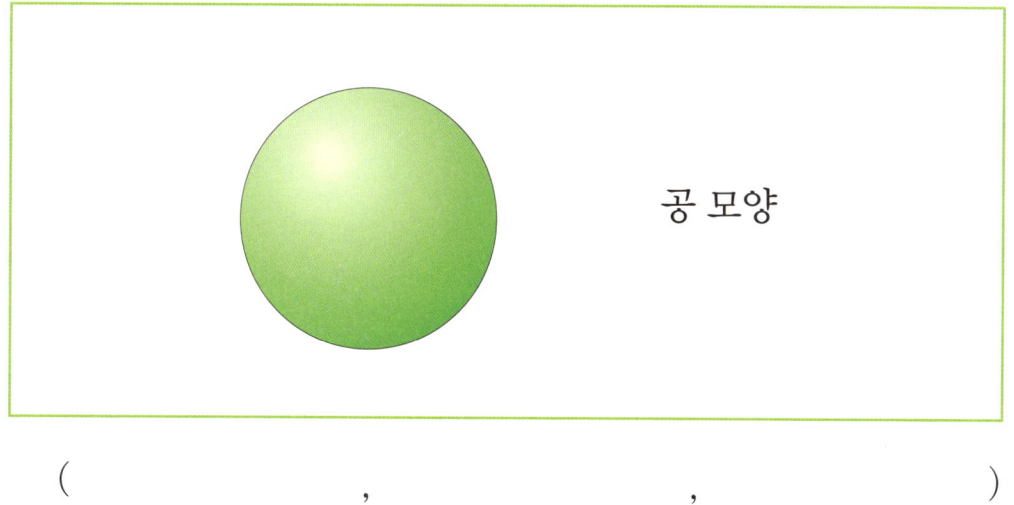

공 모양

(        ,        ,        )

👻 다음 모양의 이름을 쓰시오. (3~5)

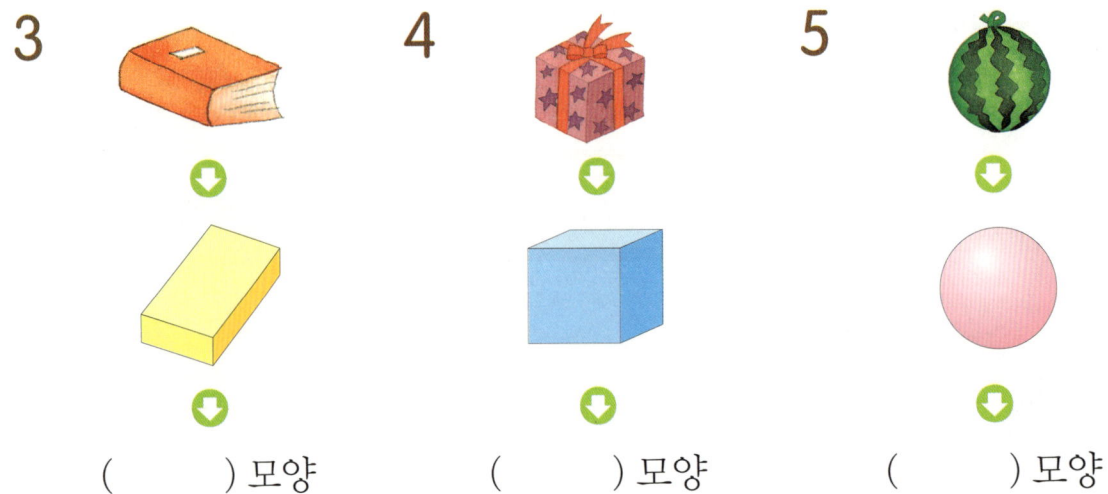

**3**  (      ) 모양

**4**  (      ) 모양

**5**  (      ) 모양

**6**  관계있는 것끼리 선으로 이으시오.

상자 모양      둥근기둥 모양      공 모양

 사고력 학습

✿ 이름 :

✿ 날짜 :

✿ 시간 :　시　분 ~　시　분

확인

🐸 다음과 같은 모양을 [보기]에서 모두 찾아 번호를 쓰시오.(1~3)

**1** 상자 모양 : (　　　　　　　　　)

**2** 공 모양 : (　　　　　　　　　)

**3** 둥근기둥 모양 : (　　　　　　　　　)

**4** [보기]와 같은 모양은 어느 것입니까?

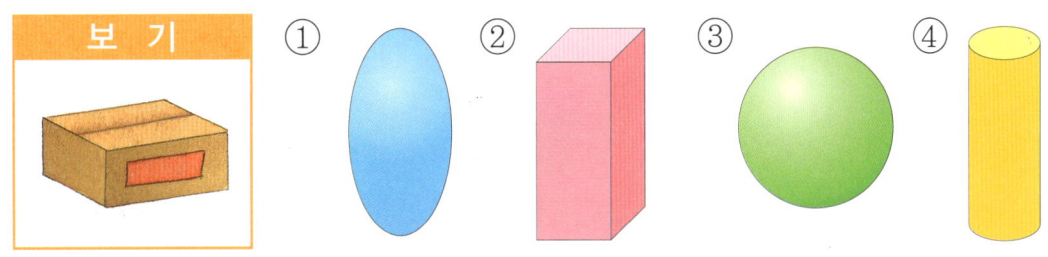

사고력 학습

**5** [보기]와 같은 모양은 어느 것입니까?

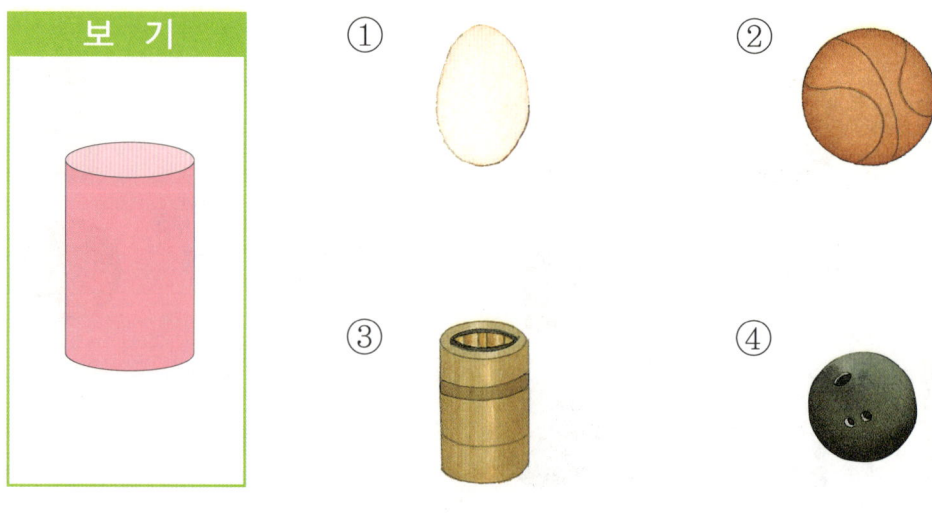

보 기

① ② ③ ④

**6** [보기]와 <u>다른</u> 모양은 어느 것입니까?

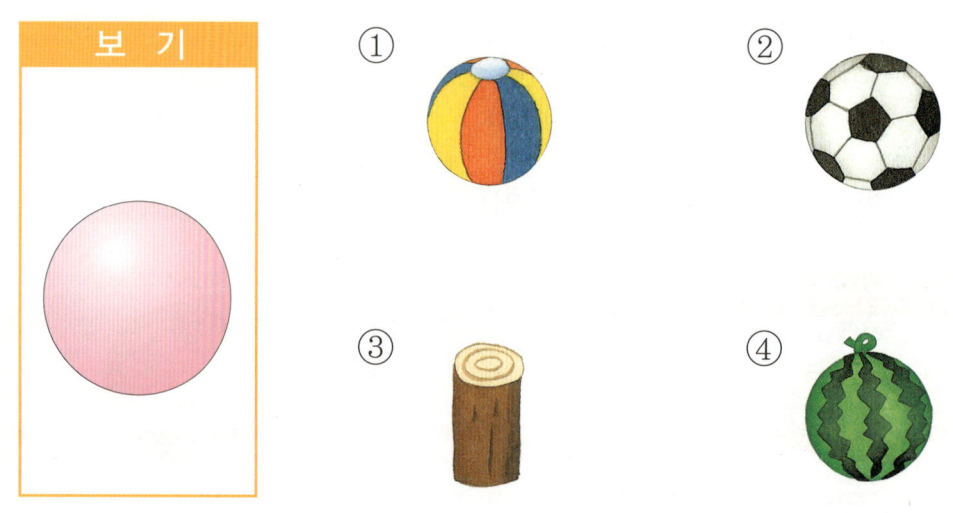

보 기

① ② ③ ④

★ 이름 :

★ 날짜 :

★ 시간 :    시    분 ~    시    분

확인

다음을 보고 상자 모양과 둥근기둥 모양을 그려 보시오.(1~2)

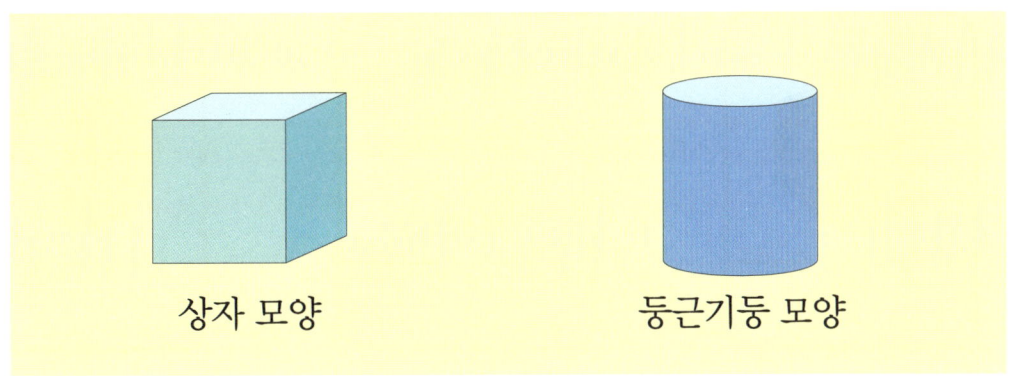

상자 모양                    둥근기둥 모양

**1** 점선을 따라 그리시오.

(1) 상자 모양                    (2) 둥근기둥 모양

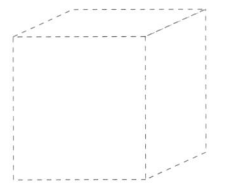                    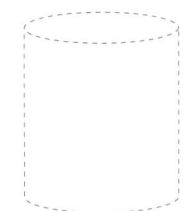

**2** 그림을 완성하시오.

(1) 상자 모양                    (2) 둥근기둥 모양

👻 상자 모양에 □표, 둥근기둥 모양에 △표, 공 모양에 ○표 하시오.(3~5)

3

4

5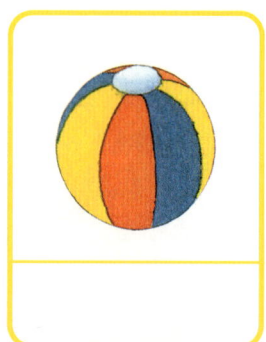

6 같은 모양을 찾아 선으로 이으시오.

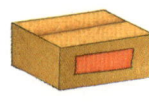

★ 이름 :

★ 날짜 :

★ 시간 :　　시　　분 ~ 　　시　　분

확인

🐸 다음 그림을 보고 ☐ 안에 알맞은 수를 써넣으시오.(1~3)

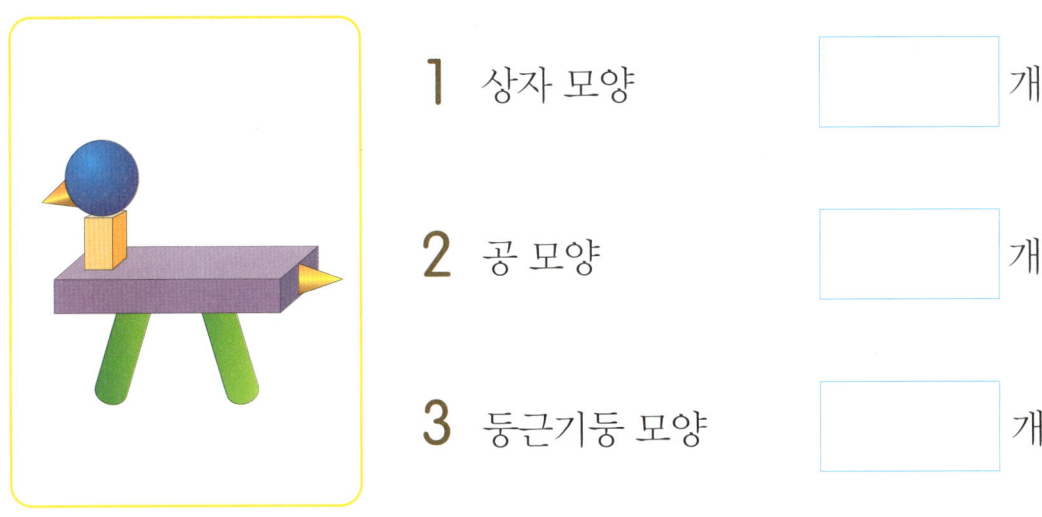

**1** 상자 모양 　☐ 개

**2** 공 모양 　☐ 개

**3** 둥근기둥 모양 　☐ 개

**4** 다음 모양 중에서 상자 모양, 공 모양, 둥근기둥 모양을 모두 사용하여 만든 것은 어느 것입니까?

①　　　　　②　　　　　③

**5** 관계있는 것끼리 선으로 이으시오.

**6** 상자 모양과 둥근기둥 모양을 각각 한 개씩 그려 보시오.

E-37a

🐸 규칙에 맞게 □ 안에 알맞은 모양을 그려 넣으시오.(1~3)

1

2

3

**4** 규칙에 맞게 빈 곳에 들어갈 동물의 이름을 쓰시오.

[ ]

**5** 규칙에 맞게 ( ) 안에 알맞은 수를 써넣으시오.

1  3  5  7  9  11  13  (    )  (    )  (    )  21

**6** 다음 규칙을 보고 빈 곳에 들어갈 것까지 합하여 사과와 감은 각각 몇 개인지 쓰시오.

[답]

**E-38a**

**1** 다음은 어떤 규칙에 따라 늘어놓은 것입니다. 빈 곳을 알맞게 색칠하시오.

 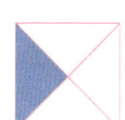  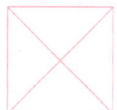 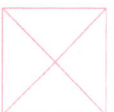 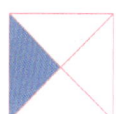 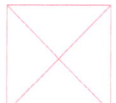

**2** 규칙에 맞게 ( ) 안에 알맞은 수를 써넣으시오.

1 2 3 1 2 ( ) ( ) 2 3 1 2 3

**3** 규칙에 맞게 ☐ 안에는 어떤 그림이 들어가야 합니까?

① 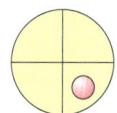  ② 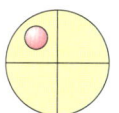  ③ 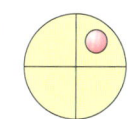  ④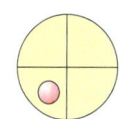

사고력 학습

**4** 규칙에 맞게 ☐ 안에 알맞은 것을 알아보시오.

(1)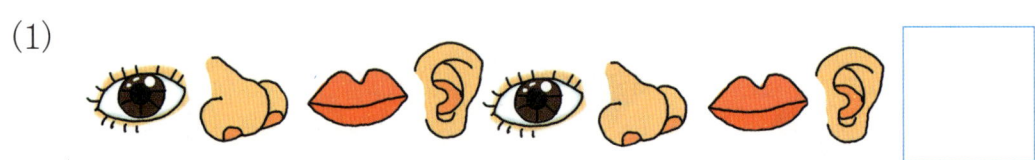

(2)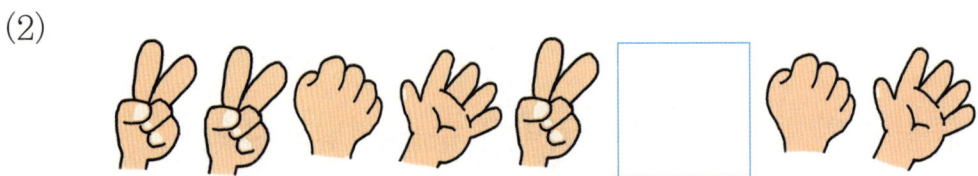

(3)

**5** 규칙에 맞게 ( ) 안에 알맞은 수를 써넣으시오.

( )  8  7  9  8  7  9  8  7  9

🌟 이름 :

🌟 날짜 :

🌟 시간 :　　시　　분 ~ 　　시　　분

확인

🐸 왼쪽과 같은 모양을 찾아 ○표 하시오.(1~3)

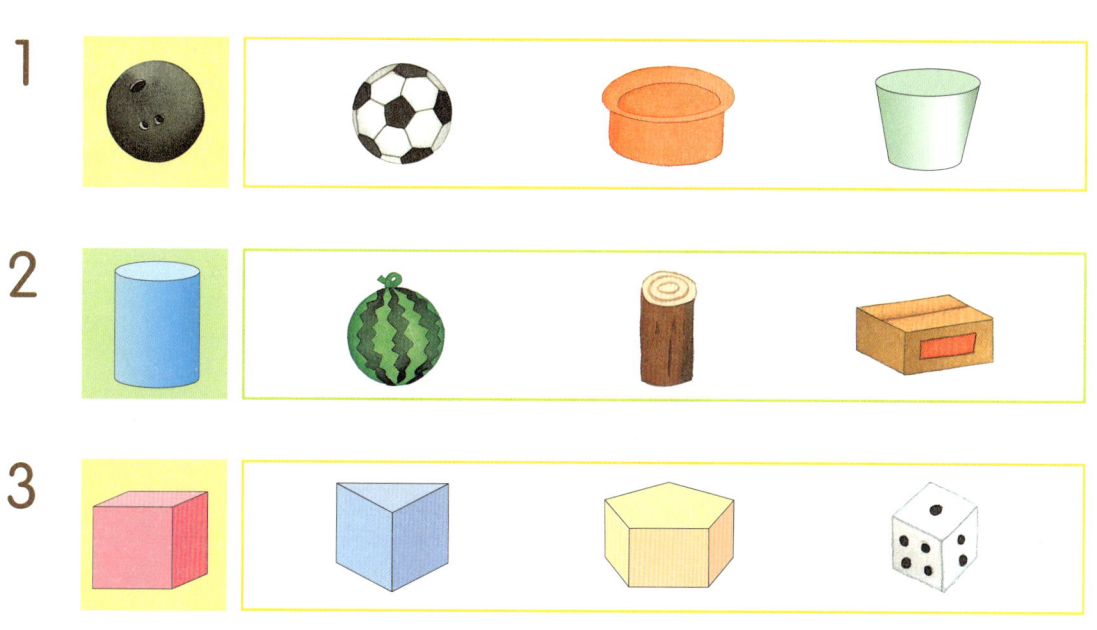

1

2

3

4 관계있는 것끼리 선으로 이으시오.

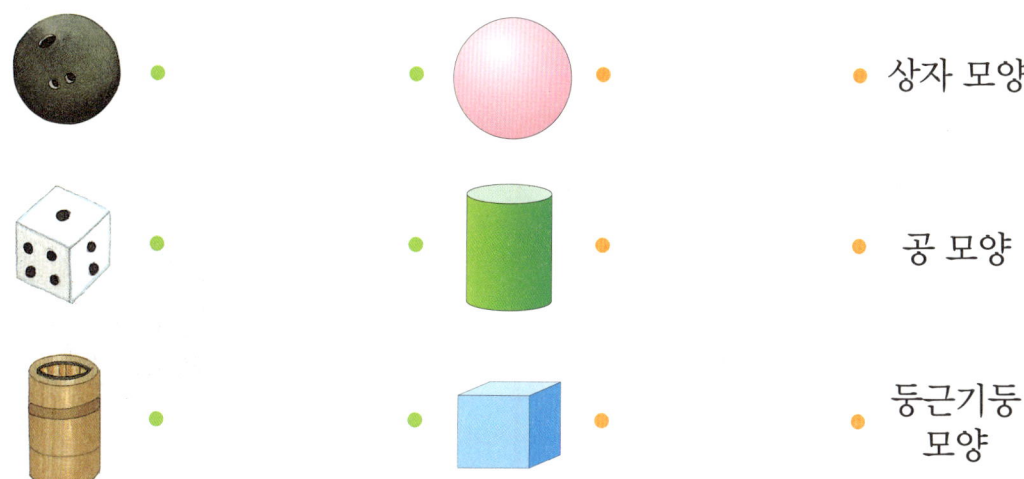

상자 모양

공 모양

둥근기둥
모양

상자 모양에 □표, 둥근기둥 모양에 △표, 공 모양에 ○표 하시오.(5~10)

5

6

7

8
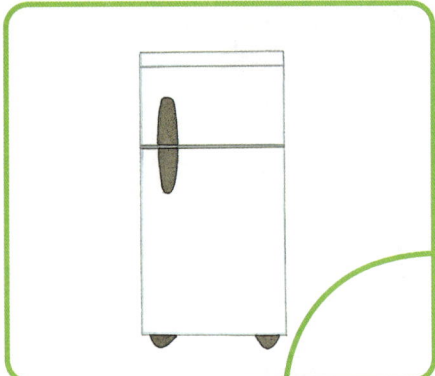

9

10

E-40a

🌸 이름 :

🌸 날짜 :

🌸 시간 :　　시　분 ~　　시　분

확인 ⭐

🐸 다음과 같은 모양을 [보기]에서 모두 찾아 번호를 쓰시오.(1~3)

보

기

① ② ③ ④ ⑤ ⑥

**1** 상자 모양 : (　　　　　　　　　　)

**2** 공 모양 : (　　　　　　　　　　)

**3** 둥근기둥 모양 : (　　　　　　　　　　)

💬 다음 모양을 2개씩 그려 보시오.(4~6)

| 4 공 모양 | 5 상자 모양 | 6 둥근기둥 모양 |
|---|---|---|
|  |  |  |

💬 다음과 같은 물건들은 어떤 모양인지 쓰시오.(7~9)

7 지우개   냉장고   주사위      (          ) 모양

8 피리   통조림통   분필      (          ) 모양

9 풍선   야구공   수박      (          ) 모양

🌸 이름 : _____
🌸 날짜 : _____
🌸 시간 : 시  분 ~ 시  분

확인

🐸 다음은 여러 가지 모양을 이용하여 자동차를 만든 것입니다. 상자 모양, 공 모양, 둥근기둥 모양을 각각 몇 개씩 사용하여 만든 것인지 쓰시오.(1~3)

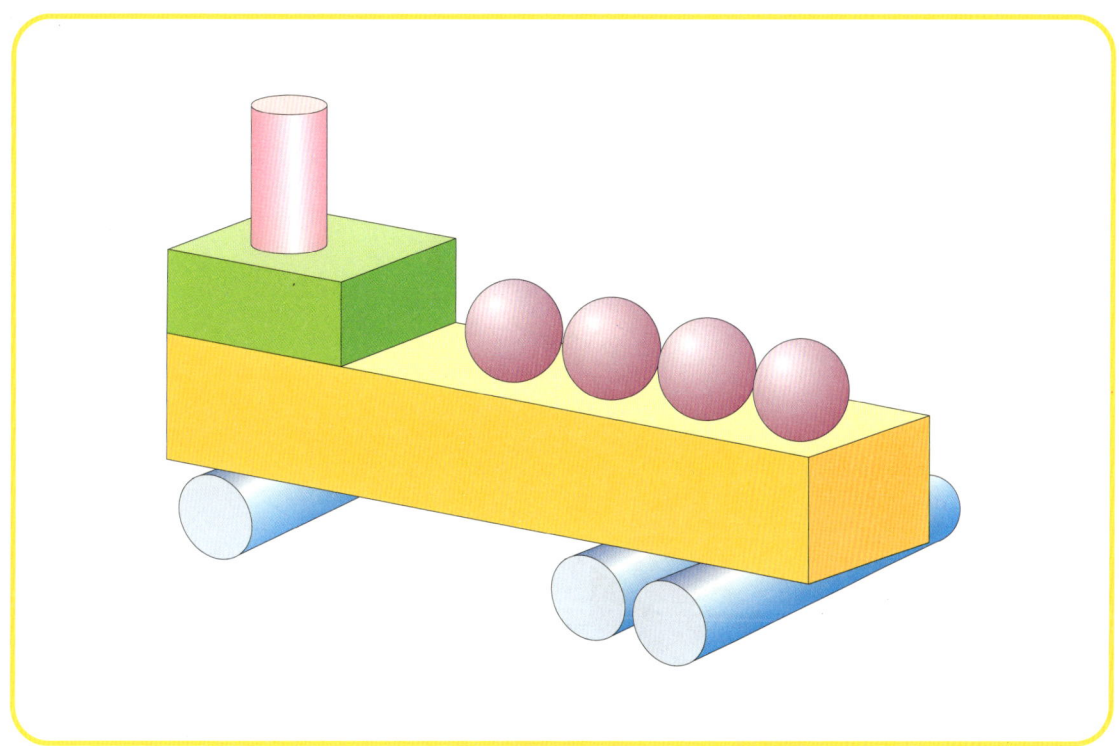

**1** 상자 모양 [    ] 개

**2** 공 모양 [    ] 개

**3** 둥근기둥 모양 [    ] 개

**4** 다음 모양 중에서 상자 모양, 공 모양, 둥근기둥 모양을 모두 사용하여 만든 것은 어느 것입니까?

①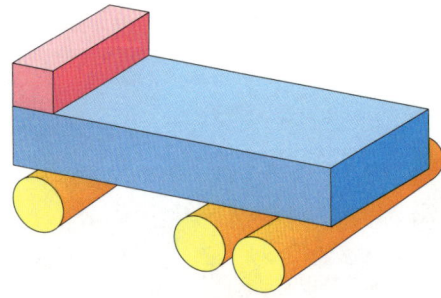

②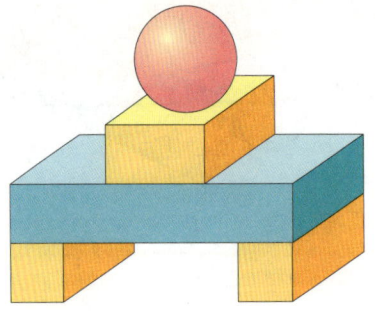

③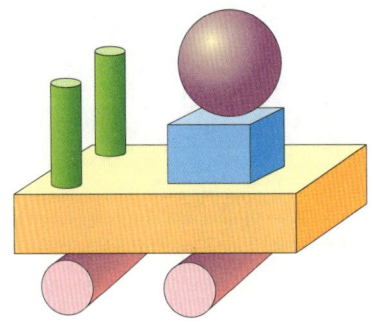

✿ 이름 :

✿ 날짜 :

✿ 시간 :　시　분~　시　분

확인

🐸 다음 모양은 상자 모양, 공 모양, 둥근기둥 모양을 각각 몇 개씩 사용하여 만든 것인지 쓰시오.(1~2)

**1**

(1) 상자 모양　　　　　개

(2) 공 모양　　　　　개

(3) 둥근기둥 모양　　　　　개

**2**

(1) 상자 모양　　　　　개

(2) 공 모양　　　　　개

(3) 둥근기둥 모양　　　　　개

**3**  다음 모양을 만드는데 필요하지 <u>않은</u> 것은 어느 것입니까?

① 둥근기둥 모양

② 공 모양

③ 상자 모양

◆ 이름 :

◆ 날짜 :

◆ 시간 :　　시　　분~　　시　　분

##  창의력 학습

성냥개비 여섯 개로 모양과 크기가 같은 △ 모양을 두 개 만들었습니다.

이 성냥개비를 이용해서 모양과 크기가 같은 △ 모양을 여섯 개 만들어 보시오.

놀이 동산에 놀러 간 성진이는 바이킹을 타려고 합니다. 그런데 아이스
크림을 먹다가 성진이는 그만 아빠의 손을 놓쳐 버렸습니다. 성진이의
아빠는 어디에 있습니까? 찾아보시오.

✿ 이름 :

✿ 날짜 :

✿ 시간 :　시　분~　시　분

확인

# ➕ 경시 대회 예상 문제

**1** 다음은 어떤 모양입니까?

(1)　　냉장고　　（　　　　　）모양

(2)　　수박　　（　　　　　）모양

(3)　통조림통　　（　　　　　）모양

**2** 다음은 상자 모양을 몇 개 사용한 것입니까?

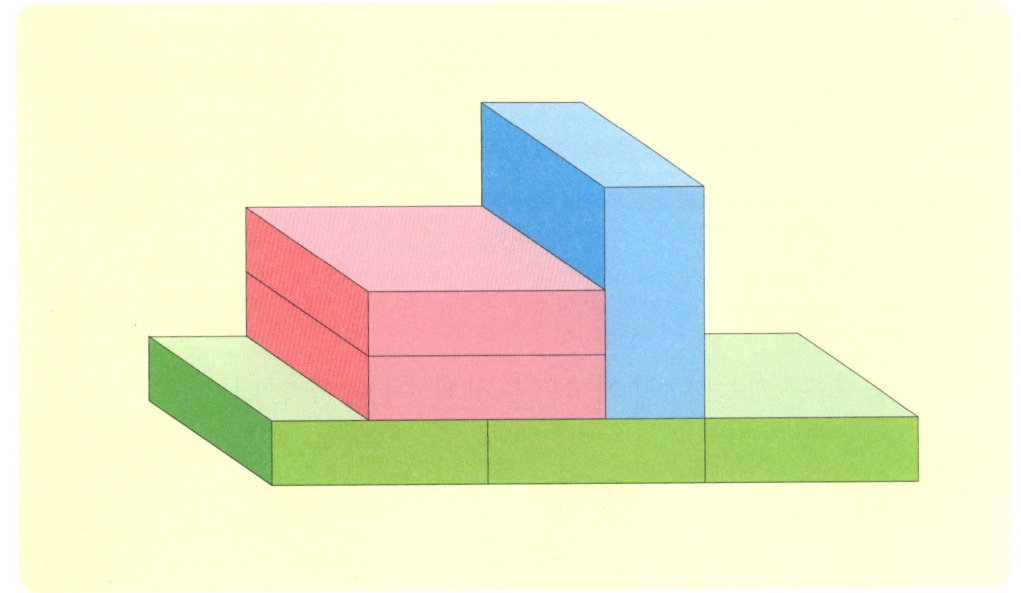

　　　　개

**3** 관계있는 것끼리 선으로 이으시오.

**4** 다음 중 둥근기둥 모양이 <u>아닌</u> 것은 어느 것입니까?

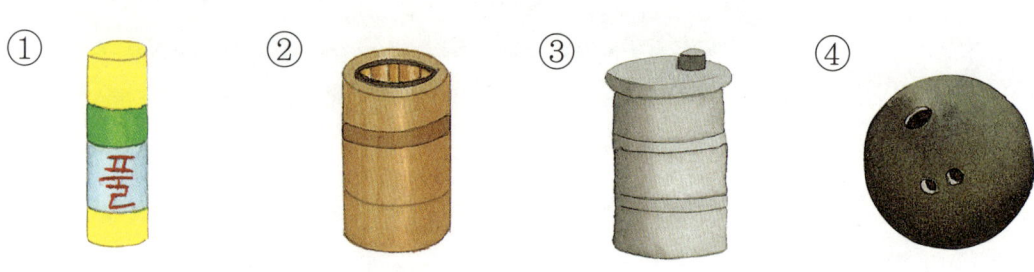

① ② ③ ④

**5** 규칙을 찾아 빈 곳에 알맞게 색칠하시오.

**6** 규칙에 맞게 ( ) 안에 알맞은 수를 써넣으시오.

3 2 1 3 ( ) 1 3 2 ( ) 3 2 1

**7** 규칙에 맞게 □ 안에 들어갈 모양을 그려 보시오.

**8** 규칙에 맞게 빈 곳에 색칠하여 보시오.

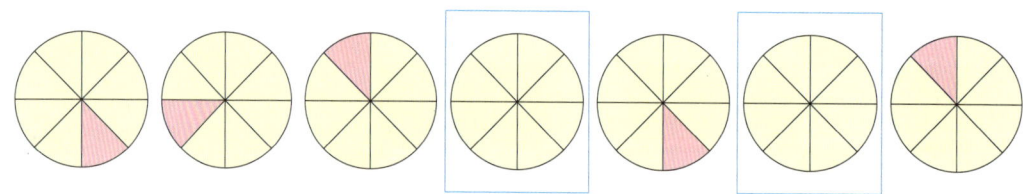

**9** 다음과 같이 바둑돌을 규칙적으로 놓았을 때, 15째 번에 놓인 바둑돌은 어떤 색깔입니까?

[답]

**10** 규칙에 맞게 빈 곳에 알맞은 모양을 그려 넣으시오.

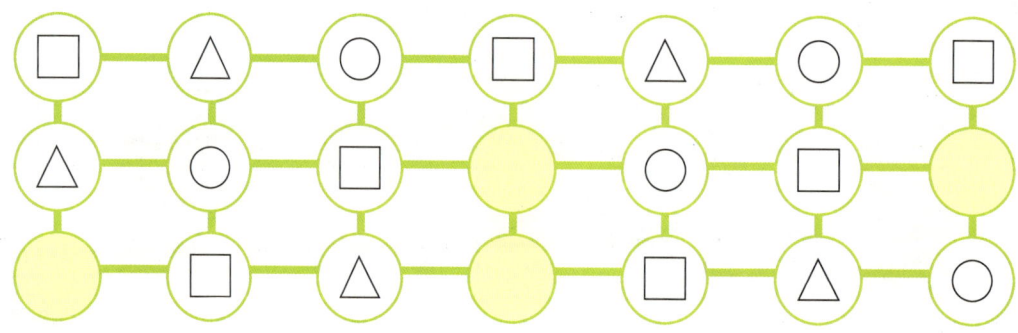

사고력도 탄탄! 창의력도 탄탄!
기탄 **사고력수학**

# E1

E46a ~ E60b

## 학습 관리표

| 학습 내용 | | 이번 주는? |
|---|---|---|
| **확인 학습** | · 5까지의 수<br>· 9까지의 수<br>· 여러 가지 모양<br>· 창의력 학습<br>· 경시 대회 예상 문제<br>· 성취도 테스트 | • 학습 방법 : ① 매일매일　② 가끔　③ 한꺼번에<br>　　　　　　하였습니다.<br>• 학습 태도 : ① 스스로 잘　② 시켜서 억지로<br>　　　　　　하였습니다.<br>• 학습 흥미 : ① 재미있게　② 싫증내며<br>　　　　　　하였습니다.<br>• 교재 내용 : ① 적합하다고　② 어렵다고　③ 쉽다고<br>　　　　　　하였습니다. |

| 지도 교사가 부모님께 | 부모님이 지도 교사께 |
|---|---|
| | |

| 평가 | Ⓐ 아주 잘함　　Ⓑ 잘함　　Ⓒ 보통　　Ⓓ 부족함 |
|---|---|

원(교)　　　　반　　이름　　　　　전화

기초부터 탄탄하게
**G 기탄교육**

www.gitan.co.kr / (02)586-1007(대)

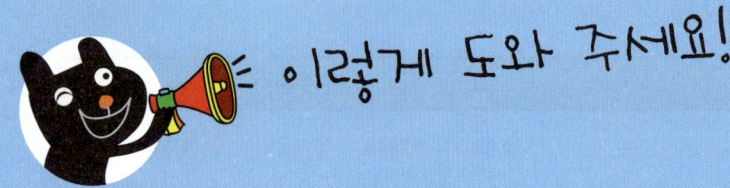

이렇게 도와 주세요!

● 학습 목표
– 생활 속에서 경험할 수 있는 상황을 통해서 수의 개념을 이해할 수 있다.
– 수의 크고 작음을 비교할 수 있다.
– 기준을 정해 놓고 배열 순서, 크고 작음, 많고 적음을 비교할 수 있다.
– 상자 모양, 둥근기둥 모양, 공 모양과 같이 생긴 것에는 어떤 것들이 있는지 알 수 있다.

● 지도 내용
– 앞에서 학습한 0부터 9까지의 수의 개념을 인지하고, 더 나아가 생활 속에서 경험할 수 있는 상황을 통해 배열 순서나 수의 크기를 학습하게 한다.
– 사물의 배열 순서에 따라 어떤 규칙성이 있는지 살펴보고 이해하게 한다.
– 상자 모양, 둥근기둥 모양, 공 모양과 같이 생긴 것에는 어떤 것들이 있는지 알아보게 한다.

● 지도 요점
앞에서 학습한 대로 구체물과 반구체물을 통한 수의 개념을 어린이가 잘 알고 있는지 일상생활의 상황에 적용시켜 보도록 지도합니다.
주변에서 볼 수 있는 물건들의 개수를 세어 보게 하고, 여러 가지 모양의 특징들을 정확히 알고 있는지 등의 학습한 내용을 일상생활에 잘 적용하도록 지도합니다.

E-46a

★ 이름 :

★ 날짜 :

★ 시간 :     시     분 ~     시     분

확인

왼쪽의 수만큼 묶고 묶지 않은 것을 세어 오른쪽 빈 곳에 수를 쓰시오.(1~4)

1

2

3

4

한별이는 친구 5명과 함께 모두 6명이 달리기를 하여 3등을 하였습니다. 다음 물음에 답하시오.(5~8)

**5** 한별이보다 빨리 달린 어린이는 몇 명입니까?

[답]

**6** 한별이보다 늦게 달린 어린이는 몇 명입니까?

[답]

**7** 초롱이는 한별이보다 2등 뒤졌습니다. 초롱이는 몇 등을 하였습니까?

[답]

**8** 초롱이보다 늦게 달린 어린이는 몇 명입니까?

[답]

✿ 이름 :

✿ 날짜 :

✿ 시간 :     시     분 ~     시     분

확인

🐸 다음 수만큼 △와 ○를 그리고 (     ) 안에 알맞은 수를 써넣으시오.(1~2)

1

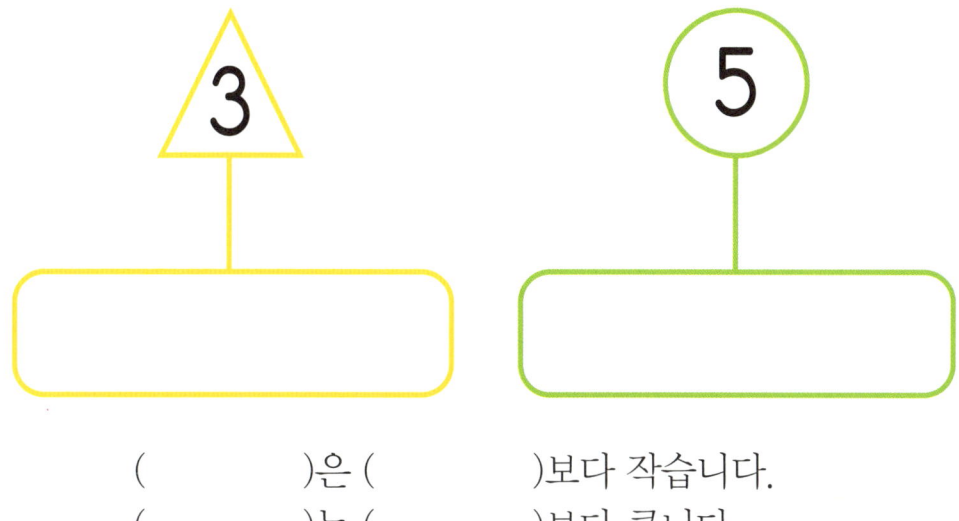

(        )은 (        )보다 작습니다.
(        )는 (        )보다 큽니다.

2

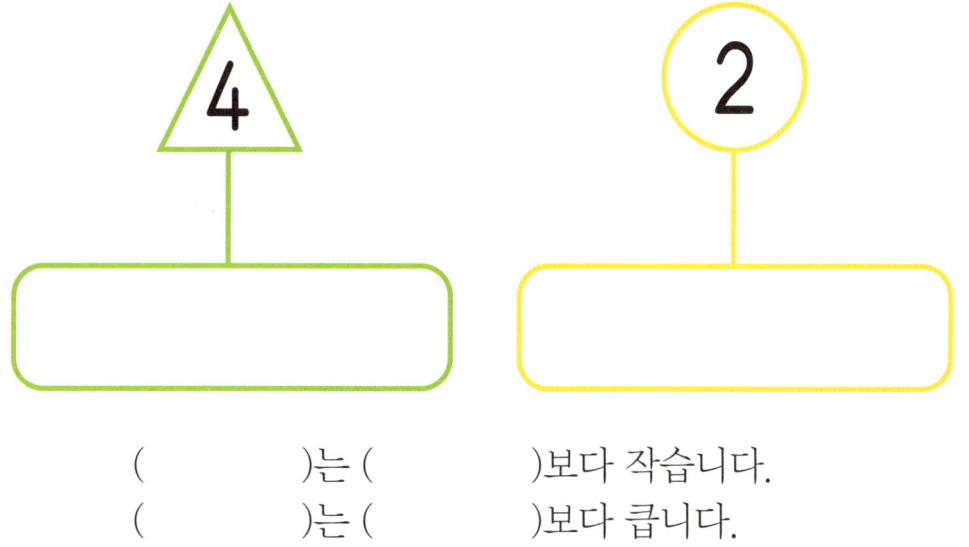

(        )는 (        )보다 작습니다.
(        )는 (        )보다 큽니다.

확인 학습

**3** 왼쪽 그림을 세어 보고 □ 안에 알맞은 수를 써넣으시오. 그리고
왼쪽 그림보다 하나 더 많은 것에 ○표 하시오.

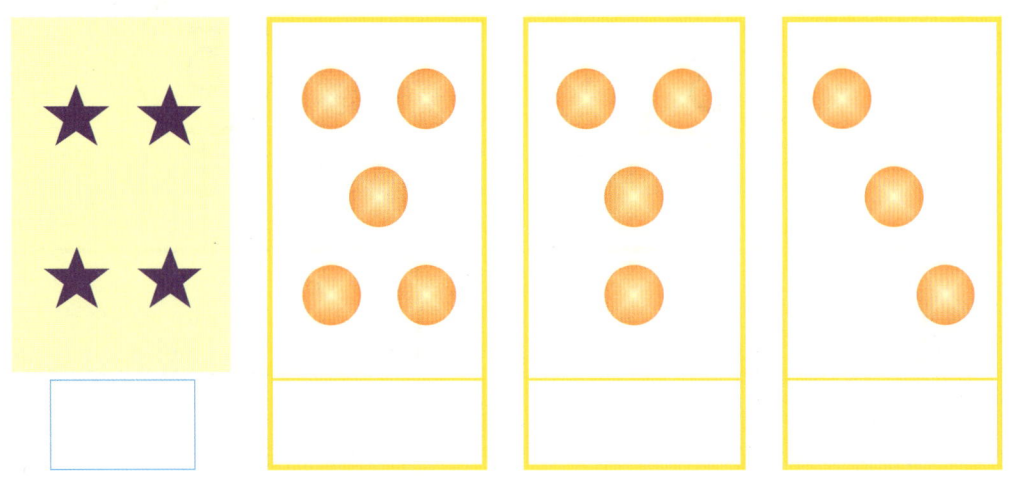

**4** 왼쪽 그림을 세어 보고 □ 안에 알맞은 수를 써넣으시오. 그리고
왼쪽 그림보다 하나 더 적은 것에 △표 하시오.

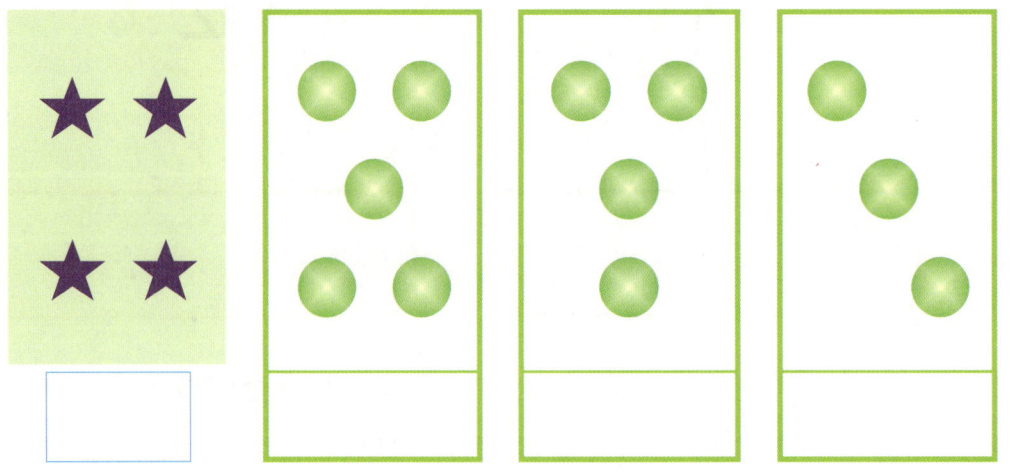

E-48a

😊 다음 그림을 보고 빈 곳에 모양을 알맞게 그려 넣으시오.(1~3)

1

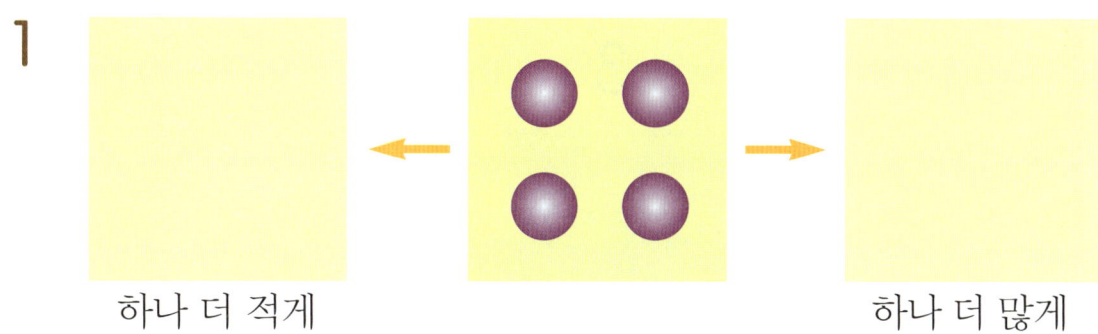

하나 더 적게　　　　　　　　　　　하나 더 많게

2

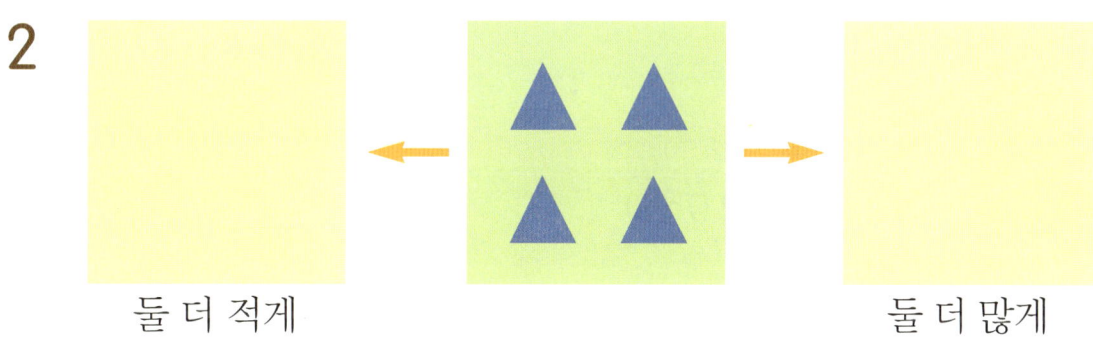

둘 더 적게　　　　　　　　　　　둘 더 많게

3

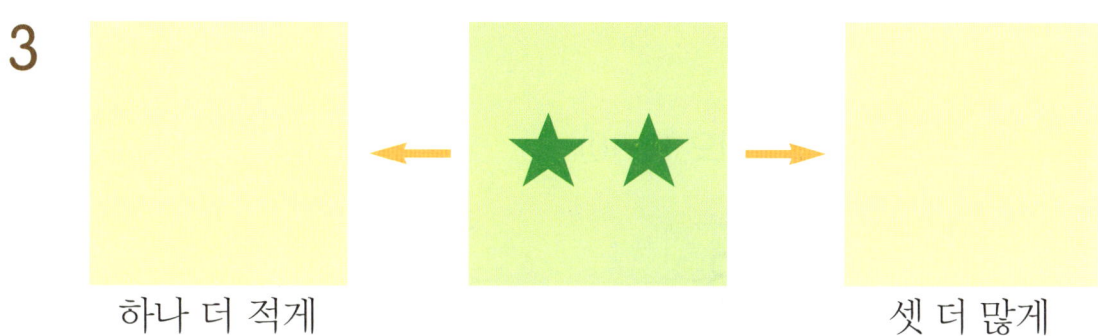

하나 더 적게　　　　　　　　　　　셋 더 많게

확인 학습

**E-48b**

🦔 다음 순서에 맞게 빈 곳에 알맞은 수를 써넣으시오.(4~6)

4  5 □ □ 3 2 □ □

5  □ 1 □ 3 4 □

6  □ 2 □ □ 6

🦔 더 큰 수에 ○표 하시오.(7~8)

7  2 4            8  5 0

🦔 가장 큰 수에 ○표 하시오.(9~10)

9  5 4 3         10  0 3 2

확인 학습

✿ 이름 :

✿ 날짜 :

✿ 시간 :　　시　　분 ~ 　　시　　분

확인

🐸 더 작은 수에 △표 하시오.(1~6)

1 　| 1 | 4 |

2 　| 3 | 0 |

3 　| 2 | 5 |

4 　| 3 | 2 |

5 　| 4 | 2 |

6 　| 4 | 5 |

🐸 가장 작은 수에 △표 하시오.(7~10)

7 　| 2 | 0 | 3 |

8 　| 2 | 5 | 1 |

9 　| 4 | 3 | 5 | 2 |

10 　| 1 | 3 | 2 | 4 |

확인 학습

**11** 정원에 나무가 5그루 있었습니다. 그중에서 2그루가 태풍으로 쓰러졌습니다. 쓰러지지 않은 나무는 몇 그루입니까?

[답]

**12** 어제 장미꽃 3송이가 피었습니다. 오늘 1송이가 더 피었습니다. 장미꽃은 모두 몇 송이 피었습니까?

[답]

**13** 밭에 꿩이 5마리 있었습니다. 포수가 오자 모두 날아가 버렸습니다. 밭에는 꿩이 몇 마리 남아 있습니까?

[답]

✿ 이름 :

✿ 날짜 :

✿ 시간 :　시　분~　시　분

확인

🐸 왼쪽의 수만큼 묶고 묶지 않은 것을 세어 오른쪽 빈 곳에 수를 쓰시오.(1~4)

**1** 여섯

**2** 일곱

**3** 여덟

**4** 아홉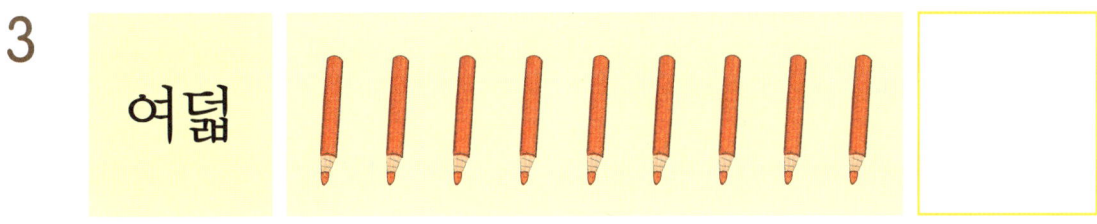

누리네 모둠 9명이 한 줄로 앉아 있습니다. 그중에서 누리는 앞에서 4번째에 앉아 있습니다. 다음 물음에 답하시오.(5~8)

**5** 누리보다 앞에 앉은 어린이는 몇 명입니까?

[답]

**6** 누리보다 뒤에 앉은 어린이는 몇 명입니까?

[답]

**7** 이슬이는 누리보다 두 번째 뒤에 앉아 있습니다. 이슬이는 앞에서 몇 번째에 앉아 있습니까?

[답]

**8** 이슬이보다 뒤에 앉은 어린이는 몇 명입니까?

[답]

 확인 학습

**E-51a**

🌸 이름 :

🌸 날짜 :

🌸 시간 : 시 분 ~ 시 분

확인

🐸 다음 수만큼 △와 ○를 그리고 ( ) 안에 알맞은 수를 써넣으시오.(1~2)

**1**

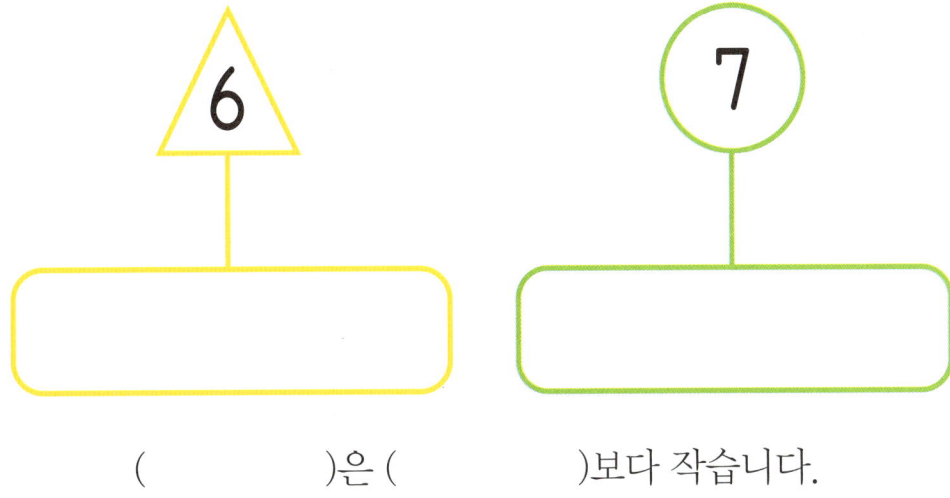

(      )은 (      )보다 작습니다.

(      )은 (      )보다 큽니다.

**2**

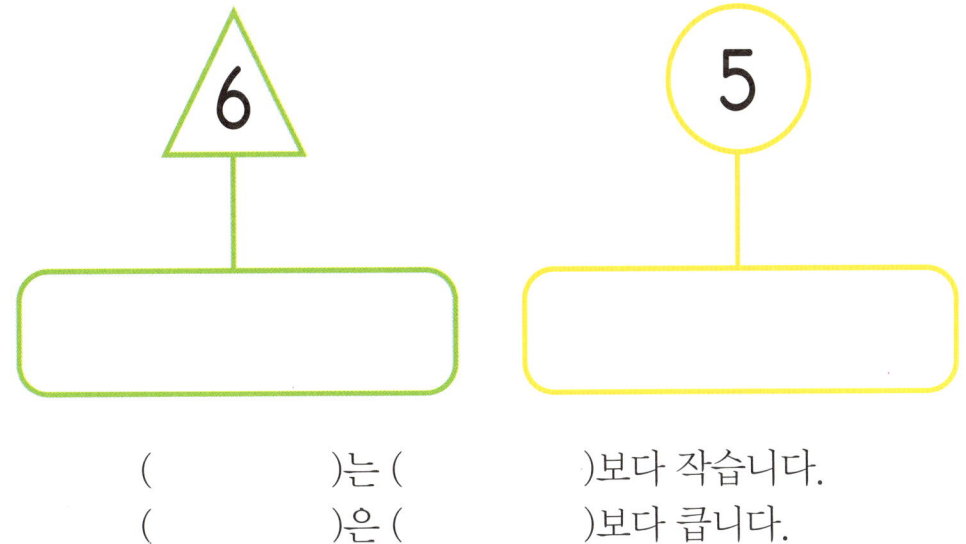

(      )는 (      )보다 작습니다.

(      )은 (      )보다 큽니다.

**3** 왼쪽 그림을 세어 보고 □ 안에 알맞은 수를 써넣으시오. 그리고
왼쪽 그림보다 둘 더 많은 것에 ○표 하시오.

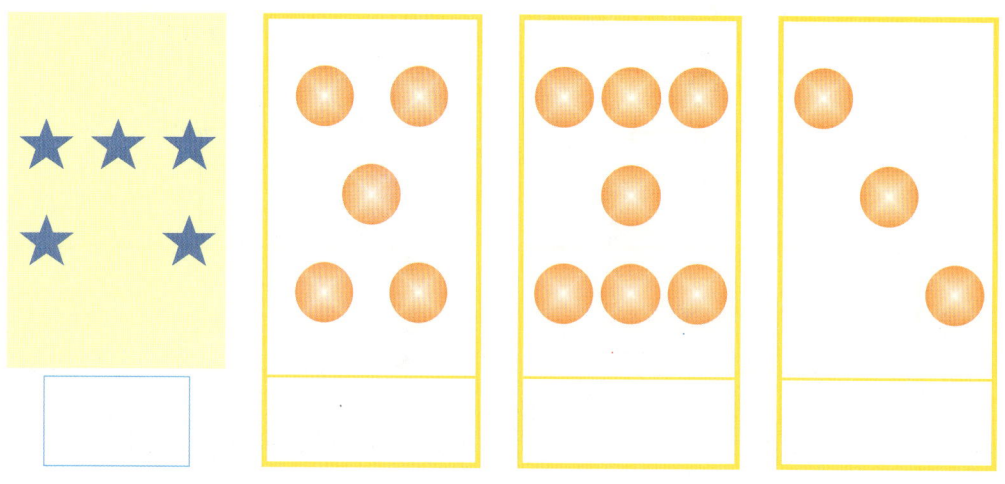

**4** 왼쪽 그림을 세어 보고 □ 안에 알맞은 수를 써넣으시오. 그리고
왼쪽 그림보다 둘 더 적은 것에 △표 하시오.

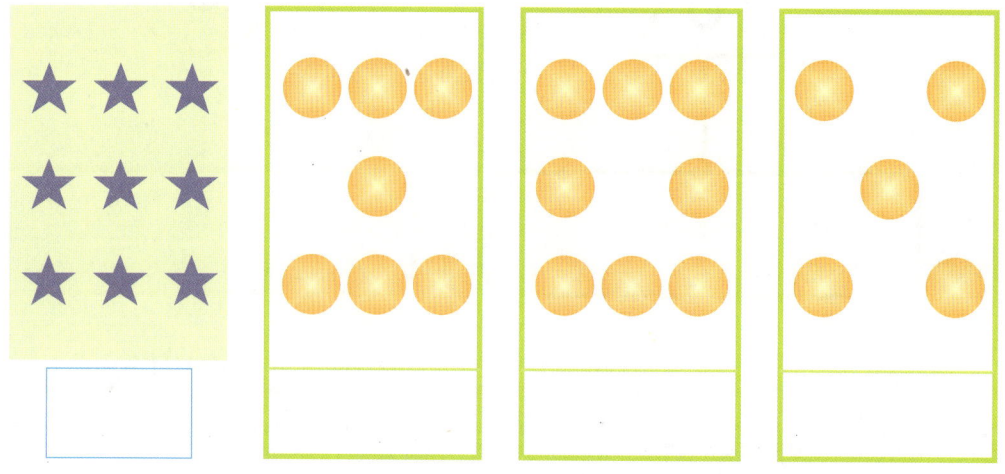

★ 이름 :
★ 날짜 :
★ 시간 :  시   분 ~  시   분

확인

😃 다음 그림을 보고 ☐ 안에 알맞은 수를 써넣으시오.(1~3)

**1**

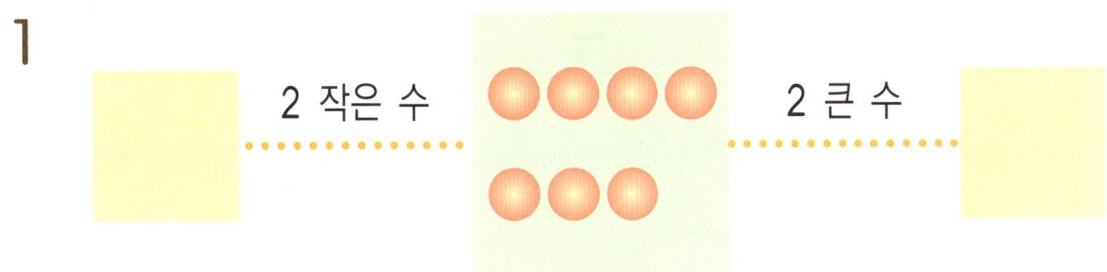

**2**

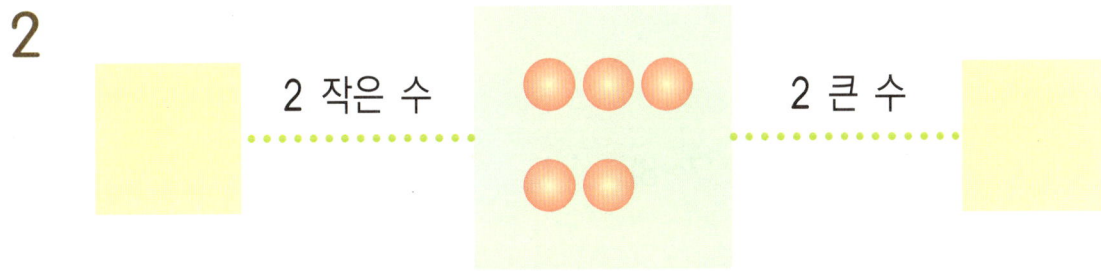

**3**

👻 다음 순서에 맞게 빈 곳에 알맞은 수를 써넣으시오.(4~6)

4  9 □ 7 6 □ □

5  5 □ □ 2 □ □

6  0 2 □ □ □ 10

👻 더 큰 수에 ◯표 하시오.(7~8)

7  5 8

8  9 6

👻 가장 큰 수에 ◯표 하시오.(9~10)

9  3 7 4 8

10  1 9 0 4

E-53a

★ 이름 :

★ 날짜 :

★ 시간 :　시　분 ~ 　시　분

확인

🐸 더 작은 수에 △표 하시오.(1~6)

1　| 3 | 6 |

2　| 8 | 6 |

3　| 4 | 9 |

4　| 7 | 5 |

5　| 8 | 4 |

6　| 2 | 6 |

🐸 가장 작은 수에 △표 하시오.(7~10)

7　| 2 | 4 | 6 | 8 |

8　| 1 | 5 | 0 | 6 |

9　| 7 | 5 | 3 | 4 |

10　| 9 | 7 | 8 | 6 |

11 새롬이와 두리는 같은 아파트에 살고 있습니다. 새롬이는 7층에 살고 있고, 두리는 새롬이보다 2층 더 높은 층에 살고 있습니다. 두리는 몇 층에 살고 있습니까?

[답]

12 다람쥐는 9마리 있고 도토리는 7개 있습니다. 다람쥐 한 마리에 도토리 1개씩 주려면 도토리가 몇 개 더 있어야 합니까?

[답]

13 다음은 어떤 수입니까?

• 9보다 작습니다.
• 6보다 큽니다.
• 7은 아닙니다.

[답]

E-54a

♣ 이름 :

♣ 날짜 :

♣ 시간 :   시   분 ~   시   분

확인

🐸 상자 안에 과일이 있습니다. 다음을 읽고 과일의 수를 알아보시오.(1~4)

> 가. 과일은 5개보다 많고 10개보다 적습니다.
> 나. 과일은 8개보다 적습니다.
> 다. 과일은 6개는 아닙니다.

**1** 가에서 알 수 있는 수 4가지를 써 보시오.

[답]

**2** 가, 나에서 알 수 있는 수 2가지를 써 보시오.

[답]

**3** 가, 나, 다에서 알 수 있는 수는 무엇입니까?

[답]

**4** 과일은 몇 개입니까?

[답]

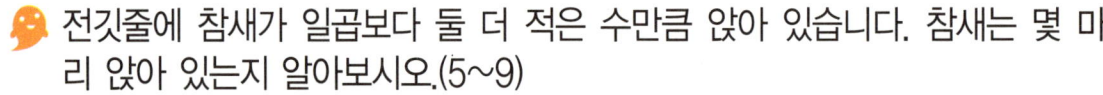 전깃줄에 참새가 일곱보다 둘 더 적은 수만큼 앉아 있습니다. 참새는 몇 마리 앉아 있는지 알아보시오.(5~9)

**5** 빈 곳에 ◯를 7개 그리시오.

**6** 빈 곳에 ◯를 7보다 하나 더 적게 그리시오.

**7** 빈 곳에 ◯를 6보다 하나 더 적게 그리시오.

**8** 일곱보다 둘 더 적은 수는 무엇입니까?

[답]

**9** 전깃줄에 앉아 있는 참새는 몇 마리입니까?

[답]

★ 이름 :

★ 날짜 :

★ 시간 :    시    분 ~    시    분

확인

🐸 형의 주머니 속에 동전이 몇 개 있습니다. 동생이 형에게 동전이 몇 개인지 물었습니다. 형이 다음과 같이 도움말을 주었습니다. 형의 주머니 속에 있는 동전은 몇 개인지 알아보시오.(1~5)

> 가. 동전은 9개보다 적습니다.
> 나. 동전은 7개는 아닙니다.
> 다. 동전은 6개보다 많습니다.

**1** [      ] 안에 1에서 9까지의 수를 차례대로 써 보시오.

[                                                        ]

**2** 도움말 **가**에서 알 수 있는 수 8가지를 써 보시오.

[답]

**3** 도움말 **가**, **나**에서 알 수 있는 수 7가지를 써 보시오.

[답]

**4** 도움말 **가**, **나**, **다**에서 알 수 있는 수는 무엇입니까?

[답]

**5** 형의 주머니 속에는 동전이 몇 개 있습니까?

[답]

아홉 명이 달리기를 하고 있습니다. 은별이는 앞에서부터 둘째에 달리고 있고, 한별이는 앞에서부터 아홉째에 달리고 있습니다. 은별이와 한별이 사이에는 몇 명이 달리고 있는지 알아보시오.(7~12)

**7** [　] 안에 1에서 9까지의 수를 차례대로 쓰시오.

[　　　　　　　　　　　　　　　　　　　　　　　　　　　]

**8** 7번의 답에서, 은별이의 등수에 ○표 하시오.

**9** 7번의 답에서, 한별이의 등수에 ○표 하시오.

**10** 7번의 답에서, 은별이와 한별이 사이에 있는 수에 △표 하시오.

**11** △표는 모두 몇 개입니까?

[답]

**12** 은별이와 한별이 사이에는 모두 몇 명이 달리고 있습니까?

[답]

 확인 학습

이름 :

날짜 :

시간 : 시 분~ 시 분

확인

😊 다음은 어떤 수인지 알아보시오.(1~6)

**5와 8 사이에 있고 6보다 큰 수입니다.**

**1** [ ] 안에 5에서 8까지의 수를 차례대로 쓰시오.

[ ]

**2** 1번의 답에서, 첫째와 마지막 수에 ◯표 하시오.

**3** 1번의 답에서, ◯표 한 수의 사이에 있는 수에 △표 하시오.

**4** 1번의 답에서, 6보다 큰 수에 ☐표 하시오.

**5** △표와 ☐표가 함께 표시되어 있는 수는 몇입니까?

[답]

**6** 답은 몇입니까?

[답]

확인 학습

💬 동생은 연필을 5자루 가지고 있습니다. 나는 동생보다 2자루 더 많이 가지고 있고, 언니는 나보다 2자루 더 많이 가지고 있습니다. 다음 물음에 답하시오.(7~10)

**7** 내가 가지고 있는 연필은 몇 자루입니까?

[답] _____

**8** 언니는 연필을 몇 자루 가지고 있습니까?

[답] _____

**9** 동생은 나보다 몇 자루 더 적게 가지고 있습니까?

[답] _____

**10** 내가 가진 연필의 수와 언니가 가진 연필의 수가 똑같아지려면, 나에게 몇 자루가 더 있어야 합니까?

[답] _____

 확인 학습

★ 이름 :

★ 날짜 :

★ 시간 :  시  분~  시  분

확인

다음 모양을 보고 물음에 답하시오.(1~4)

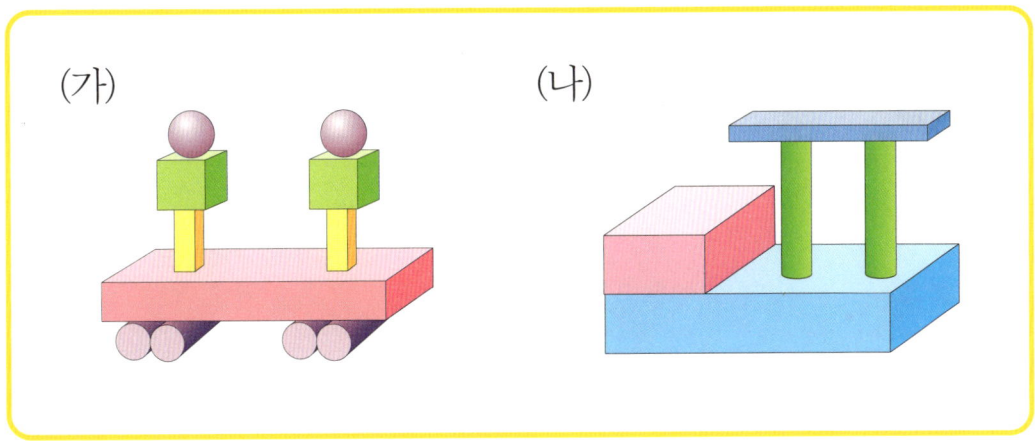

(가)            (나)

**1** (가)에는 공 모양이 몇 개 있습니까?

[답]

**2** (나)에는 둥근기둥 모양이 몇 개 있습니까?

[답]

**3** 공 모양이 없는 것은 (가), (나) 중 어느 것입니까?

[답]

**4** (가)와 (나)에서 가장 많은 모양은 무슨 모양입니까?

[답]

확인 학습

👻 규칙에 맞게 ☐ 안에는 어떤 모양을 놓아야 하는지 써 보시오.(5~8)

5  

[답] _____

6  

[답] _____

7  

[답] _____

8  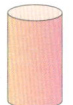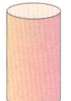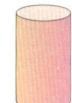

[답] _____

* 이름 :
* 날짜 :
* 시간 :   시   분 ~   시   분

확인

## 🌐 창의력 학습

오늘은 엄마께서 맛있는 과자와 빵을 만들어 주신다고 합니다. 부엌이 복잡해졌습니다. 엄마께서 음식을 만드시는 동안 상자 모양, 공 모양, 둥근기둥 모양을 찾아보시오.

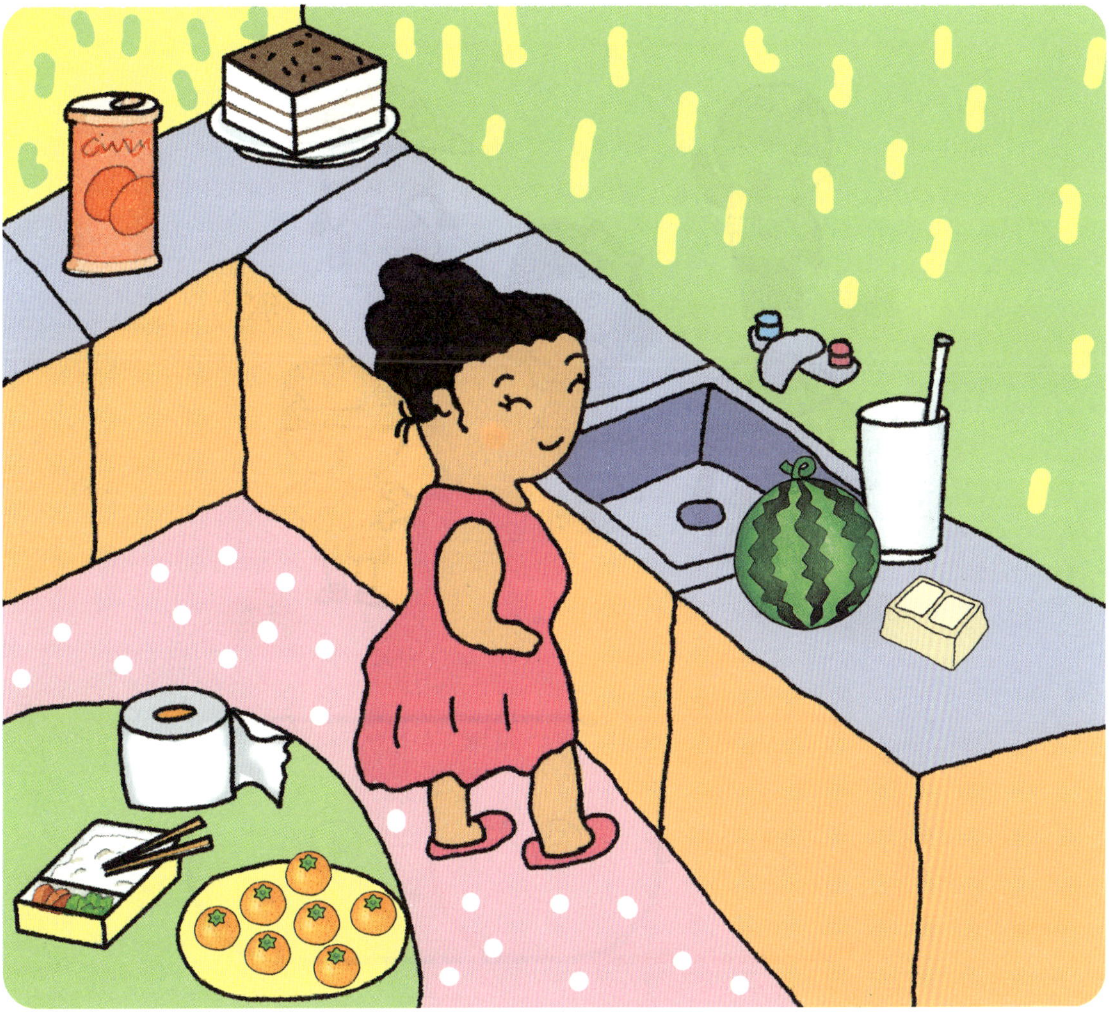

5명의 친구들을 다음 규칙에 맞게 그림 속의 ①, ②, ③, ④에 넣으려고 합니다. 각각 어디로 넣으면 됩니까? 이름을 써 보시오.

- 여자 친구는 빨간 띠 안으로 들어가고, 남자 친구는 빨간 띠 밖으로 나갑니다.
- 모자를 쓰지 않은 친구는 파란 띠 안으로 들어갑니다.

한종

정은

보미

우정

주훈

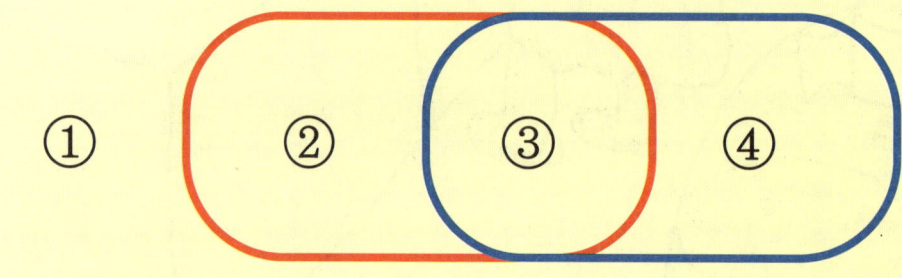

① ② ③ ④

이름 :

날짜 :

시간 :    시    분 ~    시    분

확인

#  경시 대회 예상 문제

**1** 다음 중 수가 <u>다른</u> 하나는 어느 것입니까?

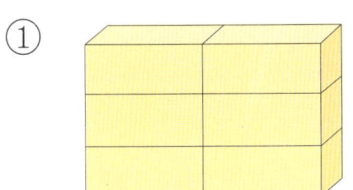

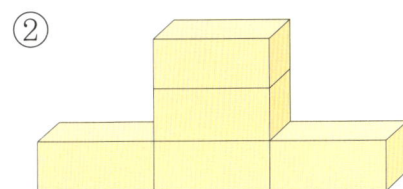

**2** 규칙에 맞게 ☐ 안에 알맞은 수를 써넣으시오.

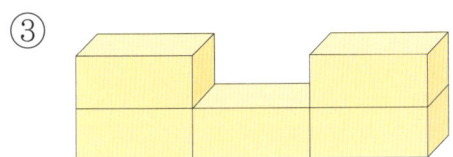

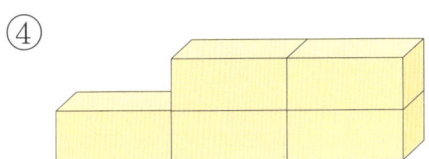

**3** 2보다 2 작은 수는 몇입니까?

[답] _____

경시 대회 예상 문제

**4** 냉장고, 책, 장농과 같은 모양을 무엇이라고 합니까?

[답] _____

**5** 다음 수의 순서대로 점을 선으로 이으시오.

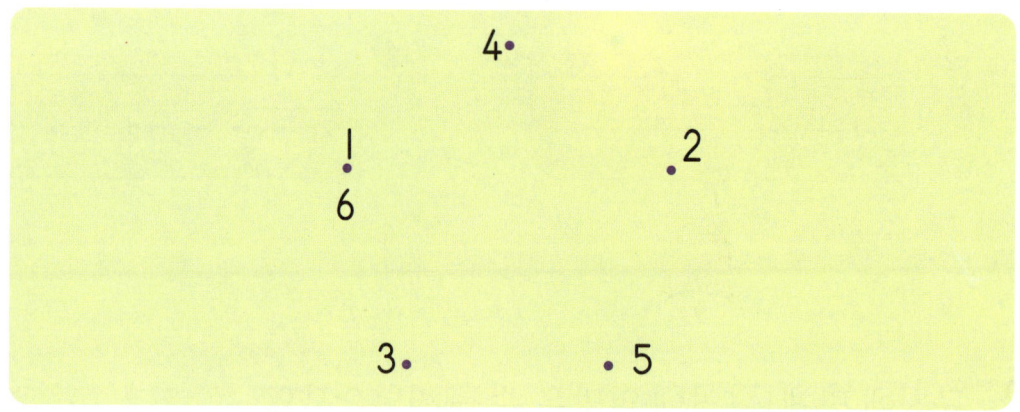

**6** 규칙에 맞게 빈 곳에 알맞게 색칠하시오.

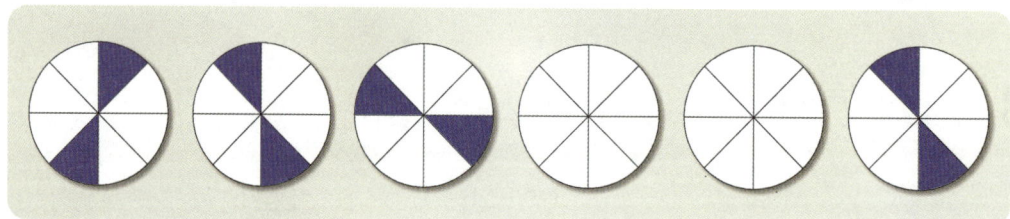

**7** 다음 장난감 자동차를 만드는데 어떤 모양이 각각 몇 개씩 사용되었습니까?

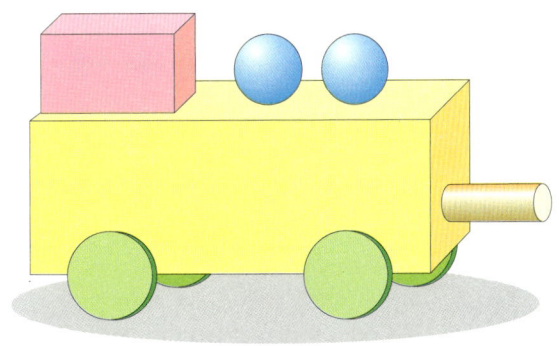

(1) 상자 모양

[답] _____

(2) 둥근기둥 모양

[답] _____

(3) 공 모양

[답] _____

**8** 7보다 l 작은 수는 7보다 2 큰 수보다 몇 더 작습니까?

[답] _____

**9** 지금 새샘이는 **9**살이고, 새샘이 동생은 새샘이보다 세 살이 더 적습니다. 새샘이 동생은 내년에 몇 살이 됩니까?

[답]

**10** 다음 물음에 답하시오.

(1) **6**보다 **2** 큰 수는 어떤 수입니까?

[답]

(2) **7**보다 **2** 작은 수는 어떤 수입니까?

[답]

(3) **5**보다 **2** 큰 수는 **8**보다 **1** 큰 수보다 몇 더 작습니까?

[답]

**11** 아름이네 진돗개 두 마리가 새끼를 각각 두 마리씩 낳았습니다. 아름이네 진돗개는 모두 몇 마리입니까?

[답]

**1.** 다음 수만큼 묶어 보시오.

**2.** 다음 과일의 수를 세어 보시오. 수가 가장 많은 과일은 가장 적은 과일보다 몇 개 더 많습니까? ☐ 안에 알맞게 써넣으시오.

☐ 은(는) ☐ 보다 ☐ 개 더 많습니다.

**3.** 6보다 큰 수에는 ◯표, 6보다 작은 수에는 △표, 6에는 ☆표 하시오.

| 1 | 0 | 4 | 7 | 9 | 2 | 6 |

**4.** 다음 그림을 세어 보고 알맞은 말에 ◯표 하시오.

(1) **9**는 **7**보다  큽니다,   작습니다 .

(2) **7**은 **9**보다  큽니다,   작습니다 .

**5.** 왼쪽 그림보다 하나 더 많은 것에 ◯표 하시오.

**6.** 민철이와 미연이가 땅따먹기 놀이를 하였습니다. 누가 땅을 더 많이 차지했습니까?

[답] _____

민 철              미 연

**7.** 다음에 알맞은 수는 무엇입니까?

> • 6과 9 사이에 있는 수입니다.
> • 7보다 큰 수입니다.

[답]

**8.** 다음 그림에서 상자 모양은 몇 개 있습니까?

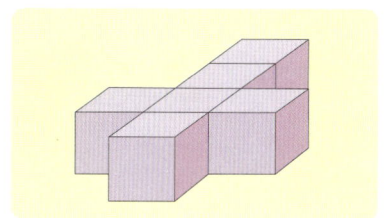

[답]

**9.** 현진이의 책가방 안에 학용품이 많이 들어 있습니다. 가장 많은 것에 ○표 하시오.

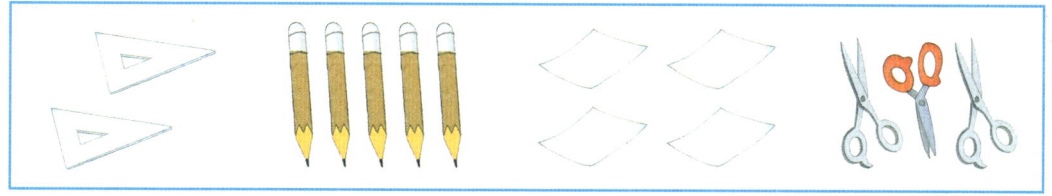

**10.** 상자 모양에 □표, 둥근기둥 모양에 △표, 공 모양에 ○표 하시오.

**11.** 같은 모양끼리 선으로 이어 보시오.

둥근기둥 모양

공 모양

상자 모양

동그라미 모양

세모 모양

네모 모양

**12.** 그림과 수를 잘 보고 규칙을 찾아서 빈 곳에 알맞은 수를 써넣으시오.

**13.** 왼쪽 그림보다 하나 더 적게 색칠하고 색칠한 것의 수를 빈 곳에 쓰시오.

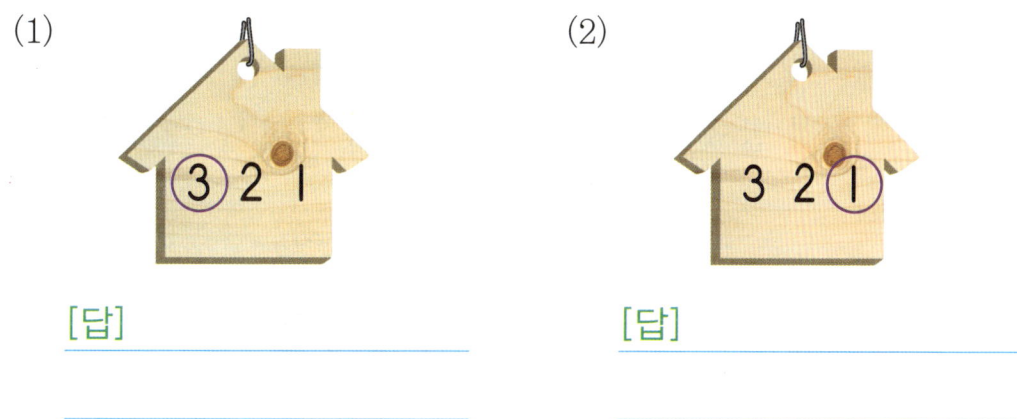

**14.** 슬기와 성진이는 어떤 문제를 읽고 정답을 맞히었습니다. 어떤 문제였는지 생각해 보고 써 보시오.

(1)

③ 2 1

[답] _____

_____

(2)

3 2 ①

[답] _____

_____

**15.** 초롱이는 아파트 (   )층에서 엘리베이터로 **3**개 층을 내려왔습니다. 초롱이는 지금 **3**층에 있습니다. 몇 층에서 내려왔습니까?

[답] _____

**16.** ☐ 안에 알맞은 수를 써넣으시오.

• **6**은 ☐ 보다 **1** 큰 수이고, ☐ 보다 **3** 작은 수입니다.

**17.** 영선이네 집 띠벽지에는 다음과 같은 무늬가 있습니다. □ 안에 어떤 모양의 무늬가 있어야 하는지 그려 넣으시오.

**18.** 오리 9마리가 헤엄치고 있었습니다. 오리 몇 마리가 물 밖으로 나가고, 지금은 4마리만 헤엄치고 있습니다. 물 밖으로 나간 오리는 몇 마리입니까?

[답]

**19.** 규칙을 찾아 빈 곳에 알맞은 수의 그림을 그려 넣으시오.

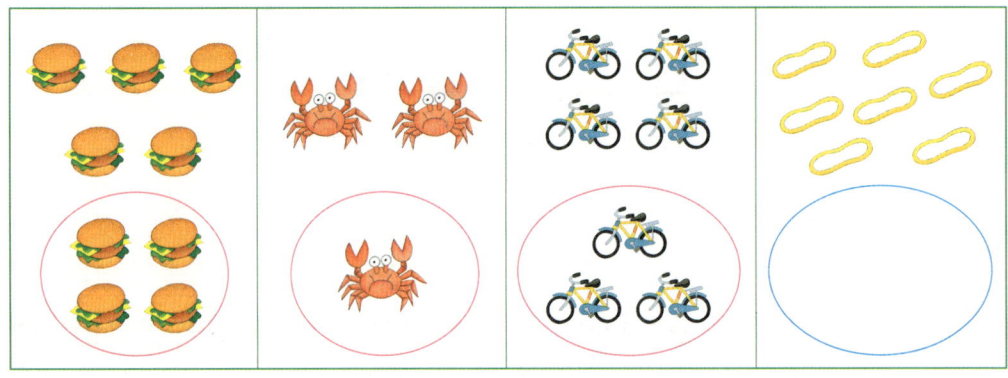

**20.** 왼쪽과 같은 모양을 찾아 ○표 하시오.

[          ]          [          ]          [          ]

사고력도 탄탄! 창의력도 탄탄!

# 기탄사고력수학 해답

E1a~E60b

해답은 따로 보관하고 있다가
채점할 때 사용해 주세요.

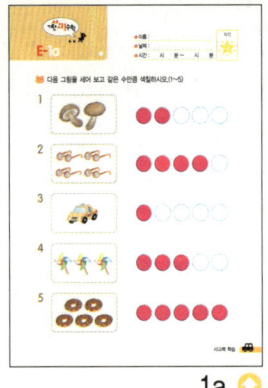

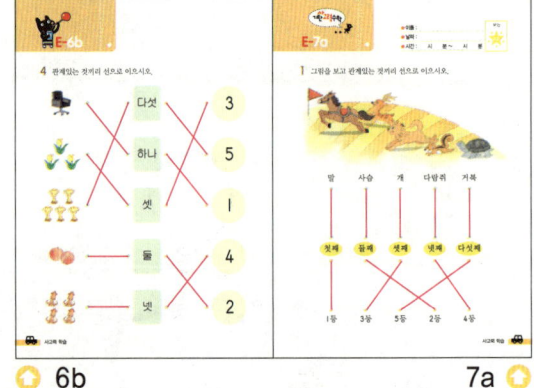

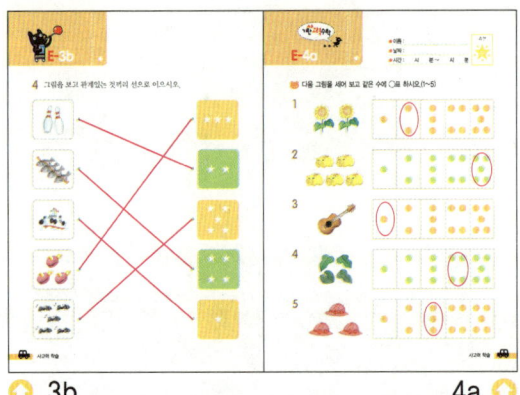

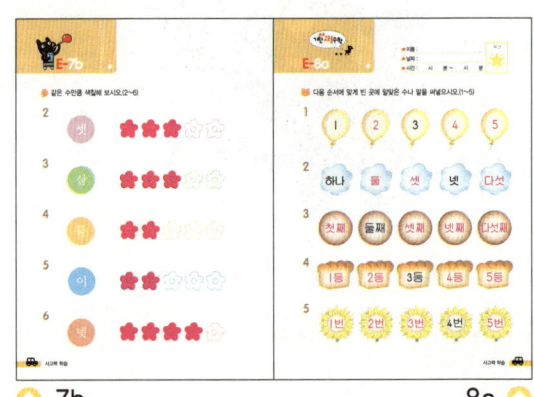

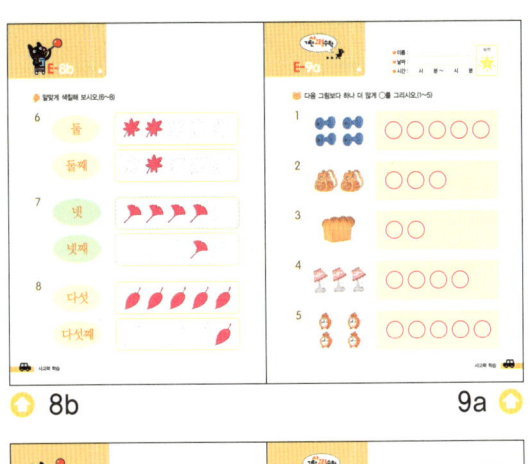

8b / 9a

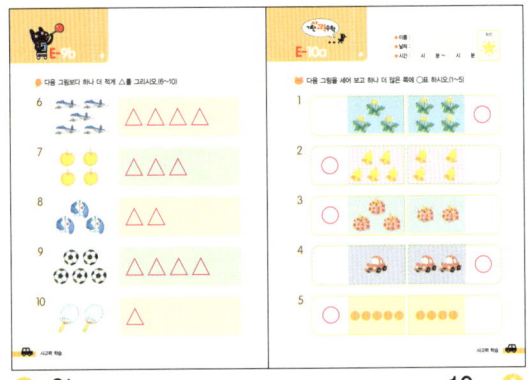

9b / 10a

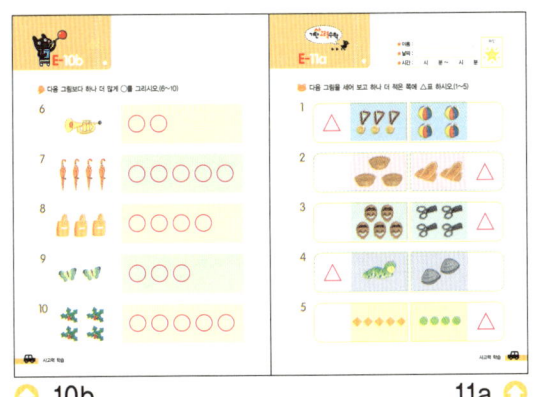

10b / 11a

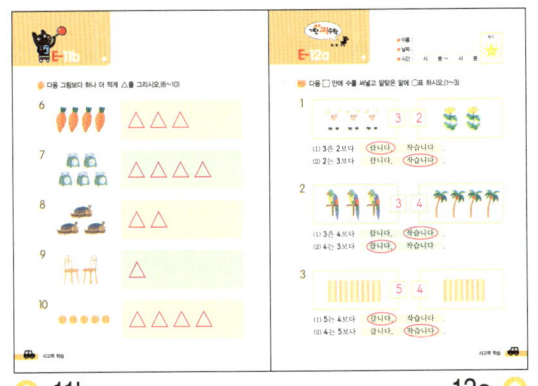

11b / 12a

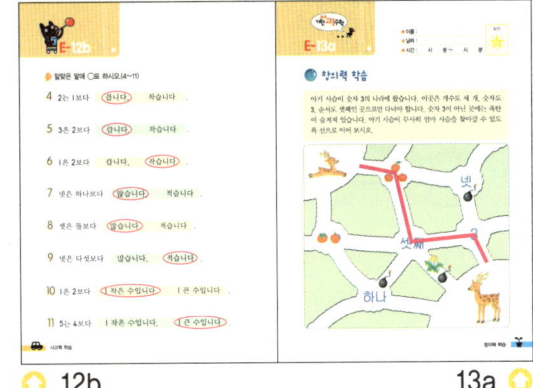

12b / 13a

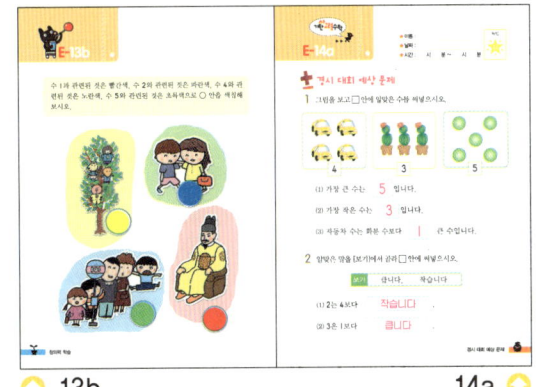

13b / 14a

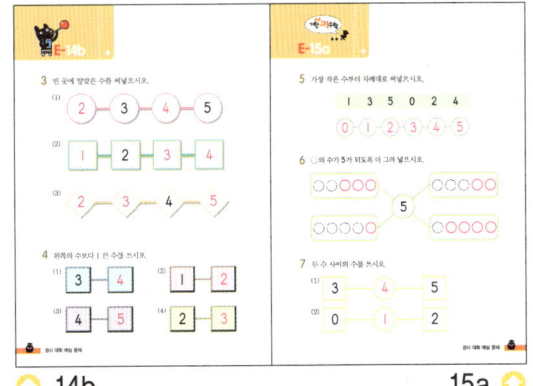

14b / 15a

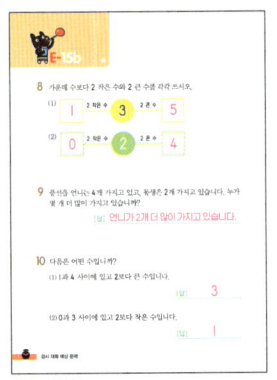

15b

# 2주

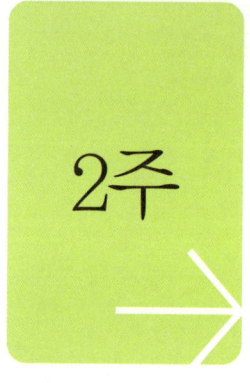

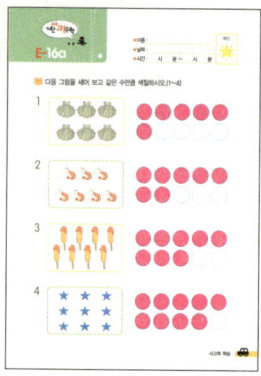

16a ⬆

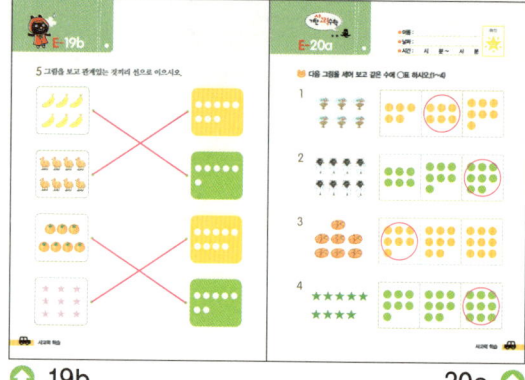

⬇ 19b

20a ⬆

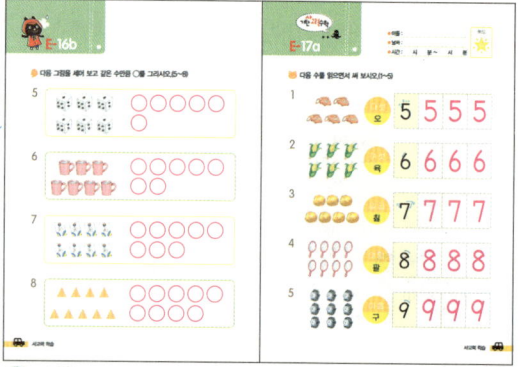

⬆ 16b

17a ⬆

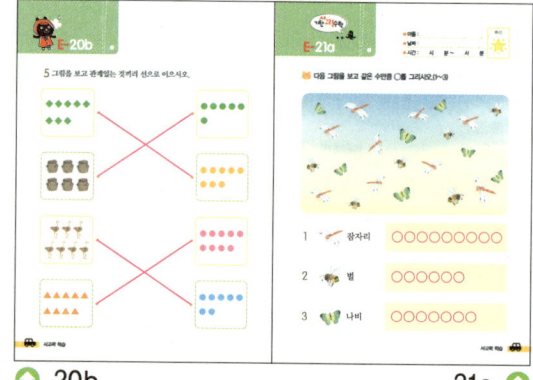

⬇ 20b

21a ⬆

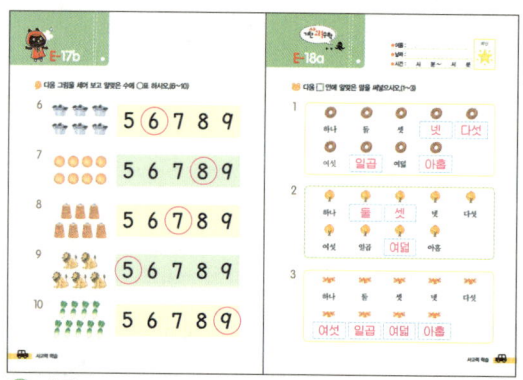

⬆ 17b

18a ⬆

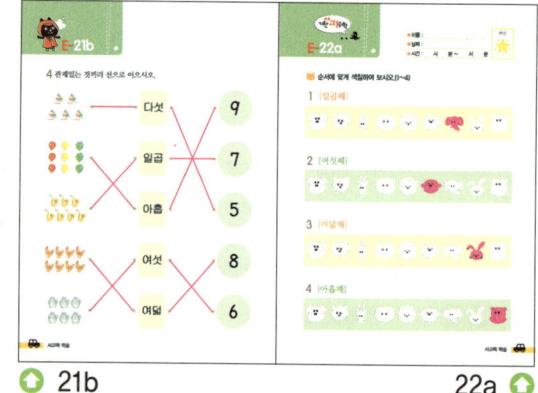

⬆ 21b

22a ⬆

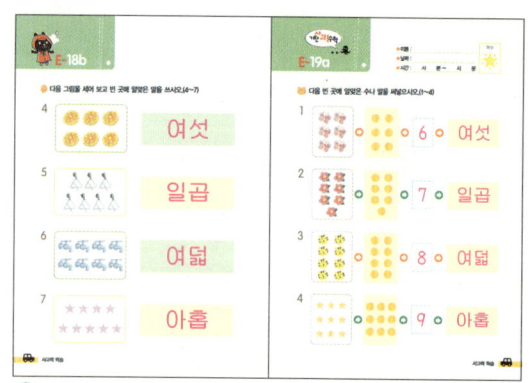

⬆ 18b

19a ⬆

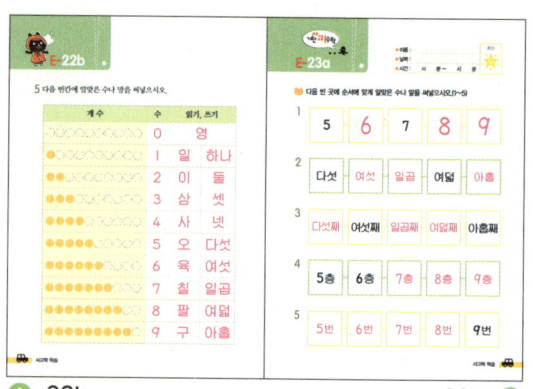

⬆ 22b

23a ⬆

※해답은 따로 보관하고 있다가 채점할 때 사용해 주세요.

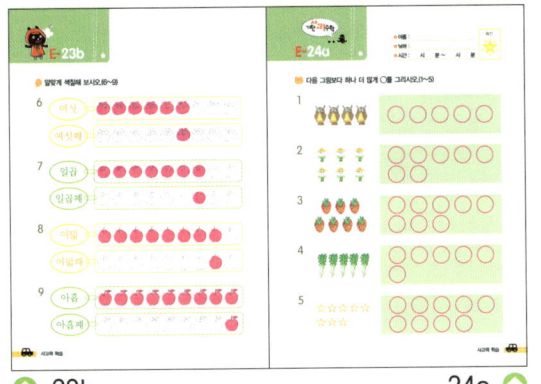

23b / 24a

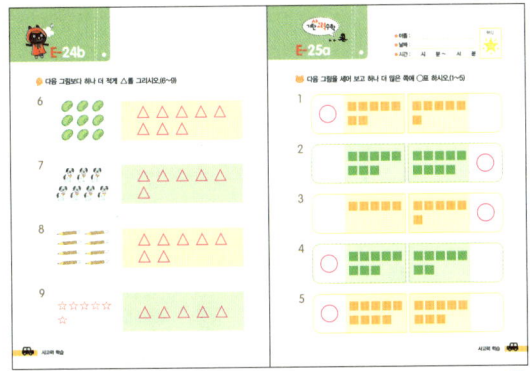

24b / 25a

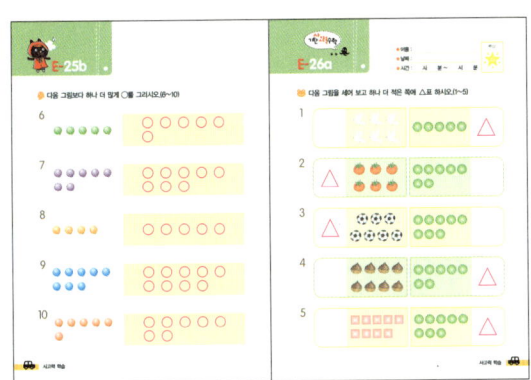

25b / 26a

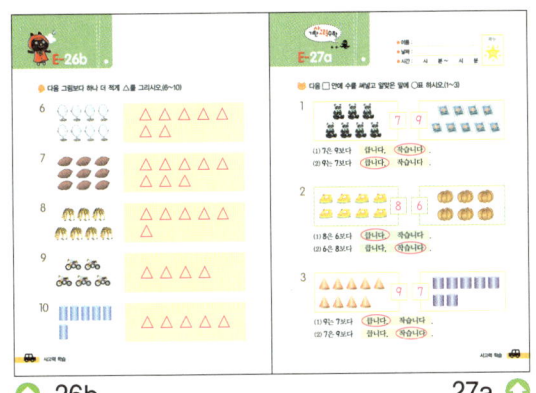

26b / 27a

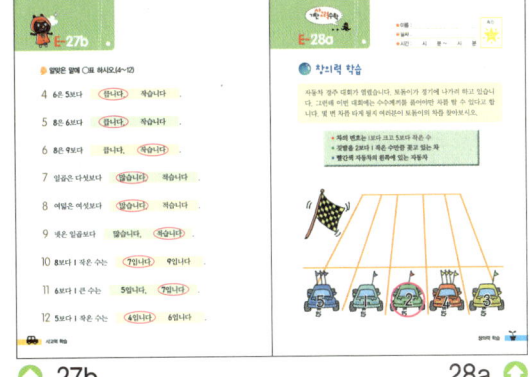

27b / 28a

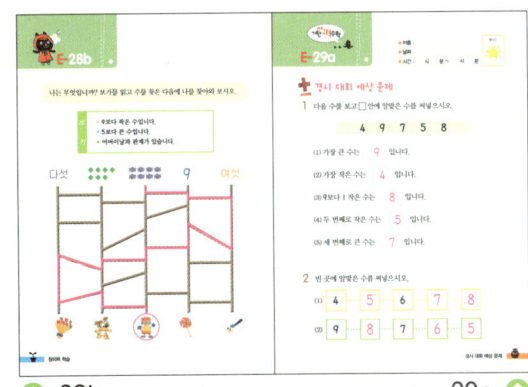

28b / 29a

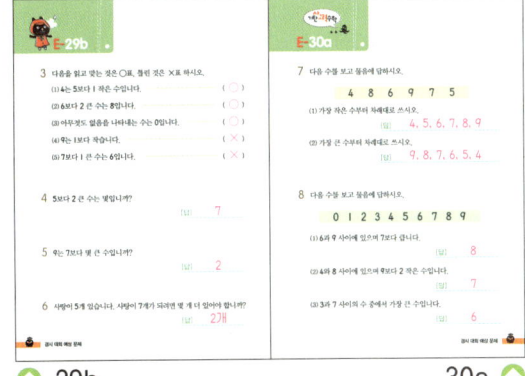

29b / 30a

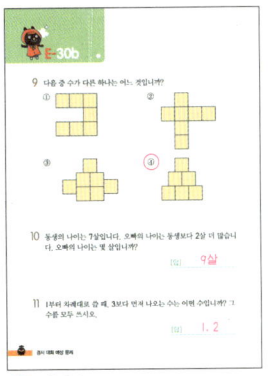

30b

3주

31a

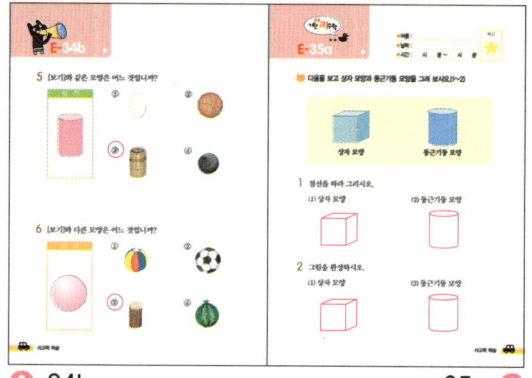

34b 35a

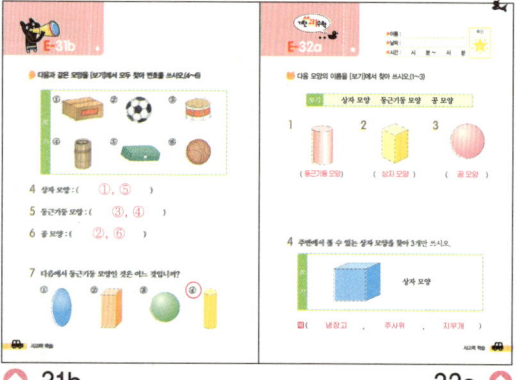

31b 32a

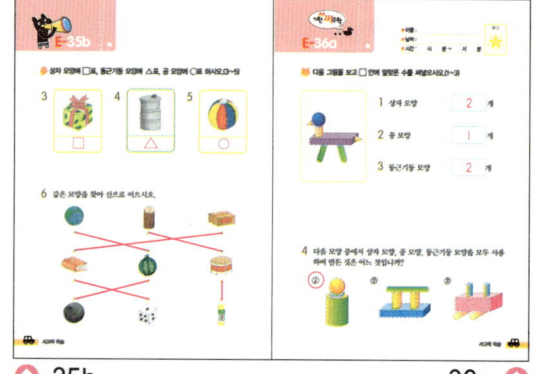

35b 36a

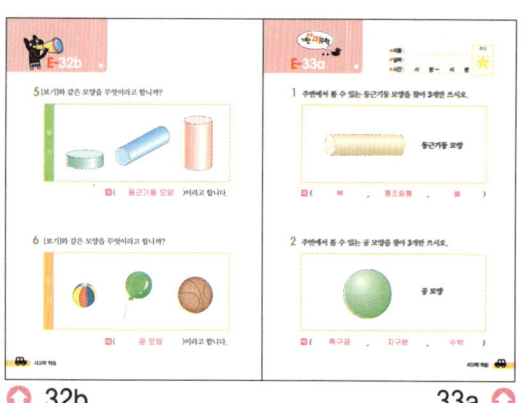

32b 33a

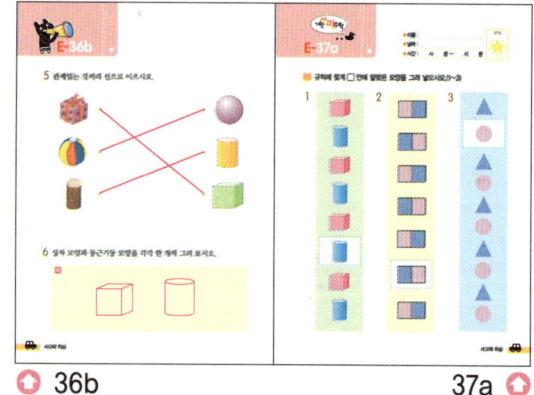

36b 37a

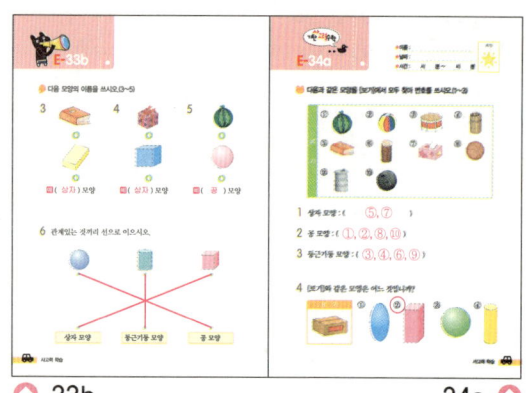

33b 34a

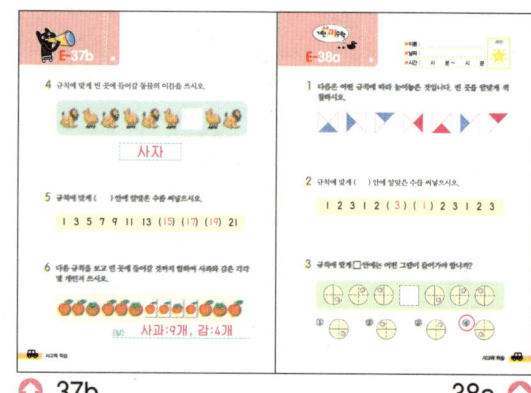

37b 38a

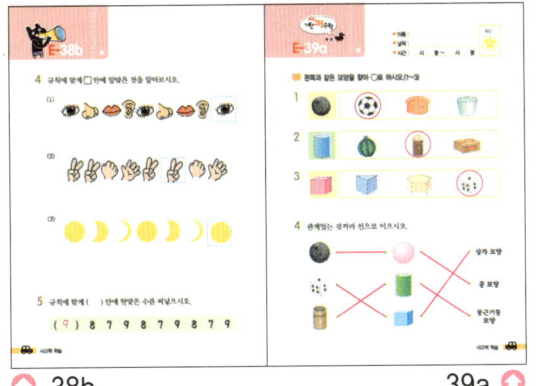

38b

39a

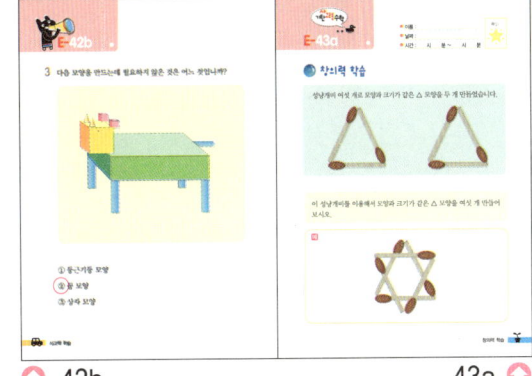

42b

43a

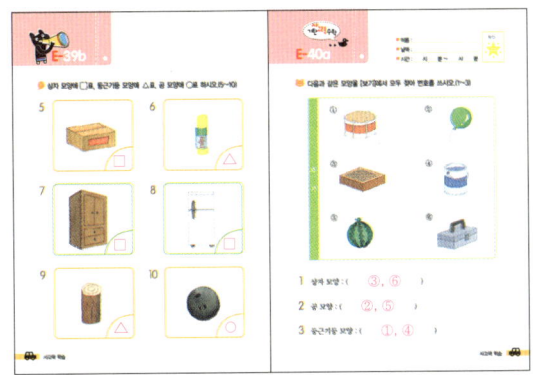

39b

40a

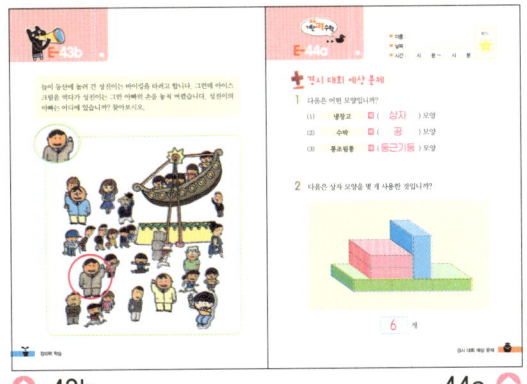

43b

44a

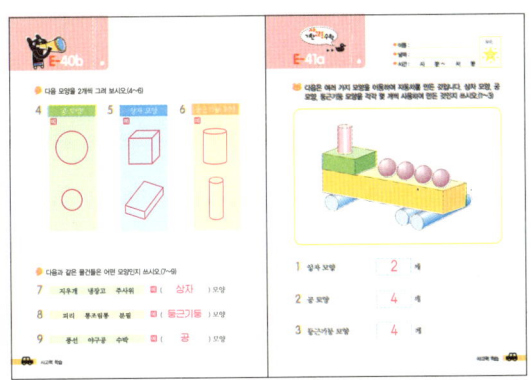

40b

41a

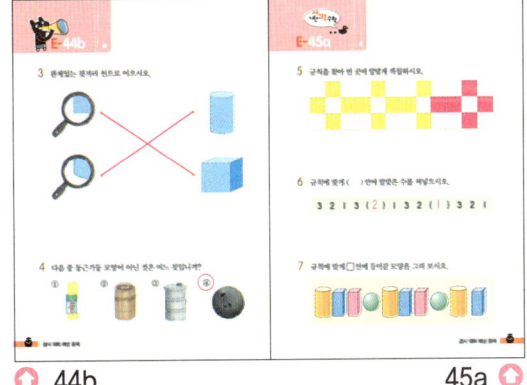

44b

45a

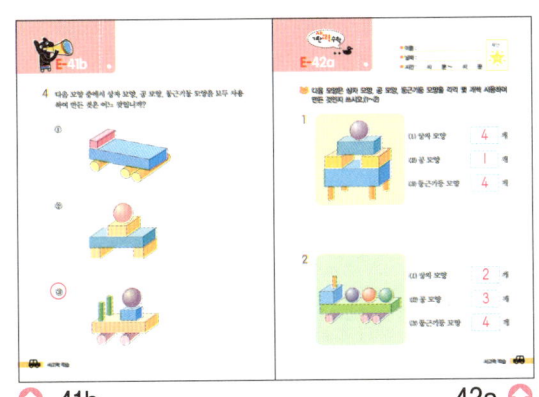

41b

42a

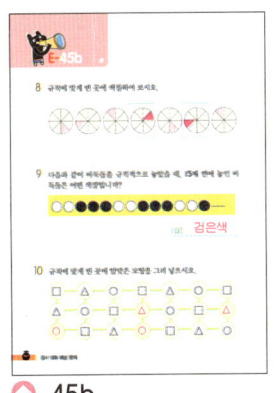

45b

※해답은 따로 보관하고 있다가 채점할 때 사용해 주세요.

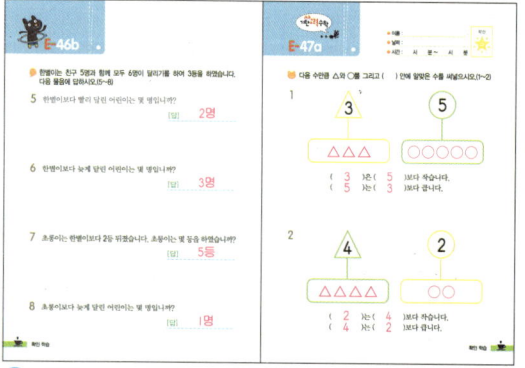

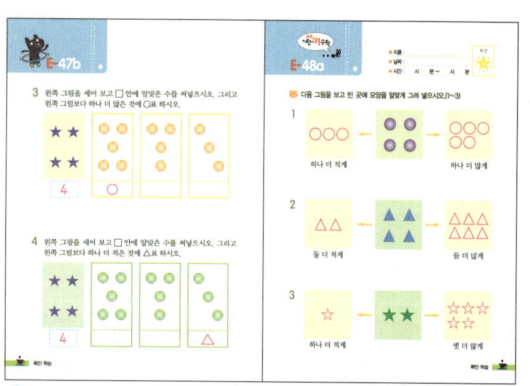

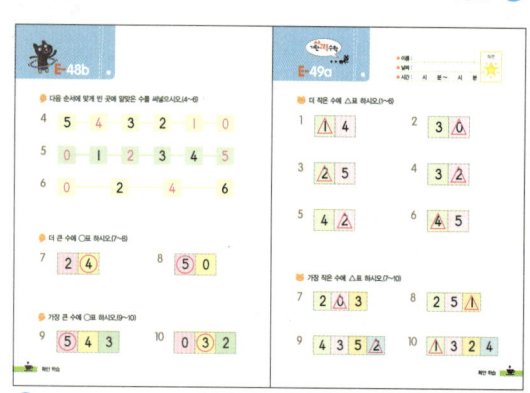

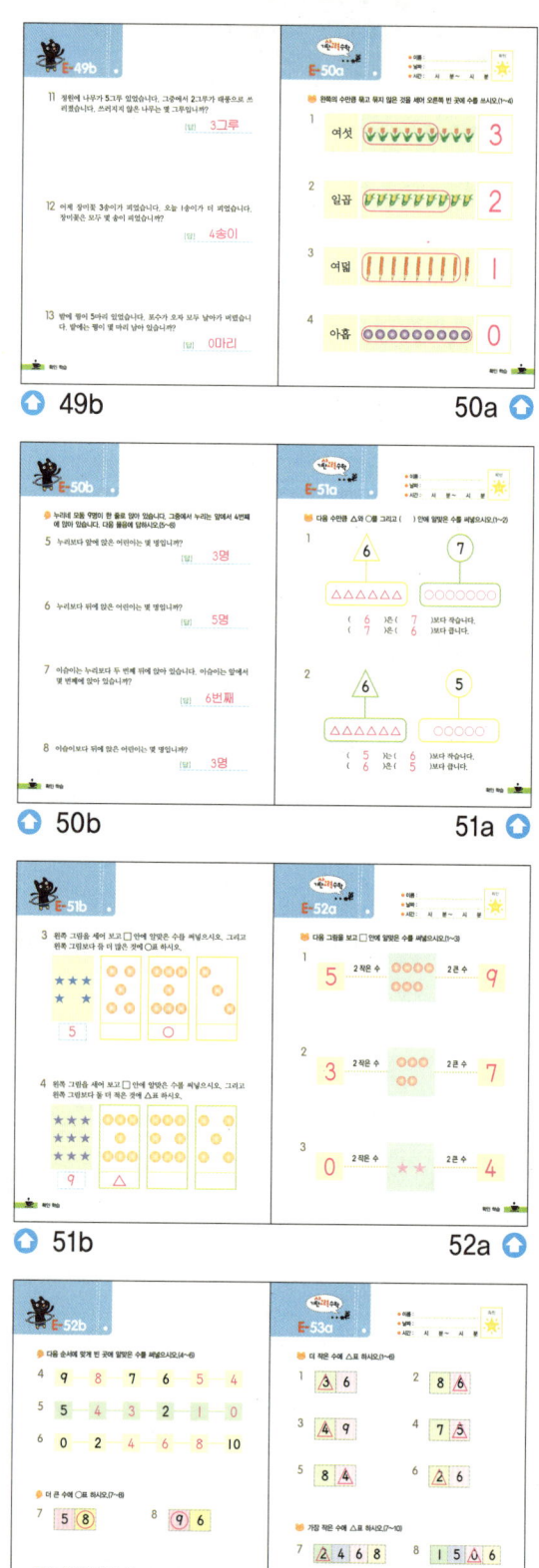

46a

49b

50a

46b

47a

50b

51a

47b

48a

51b

52a

48b

49a

52b

53a

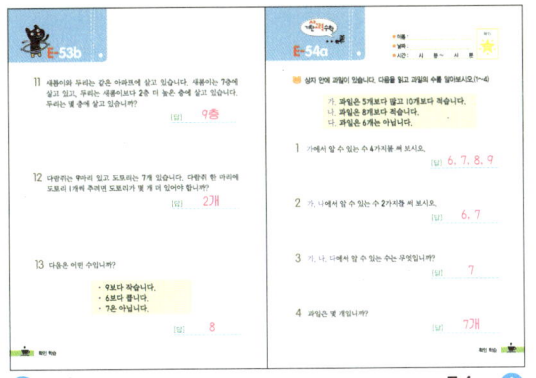

53b

54a

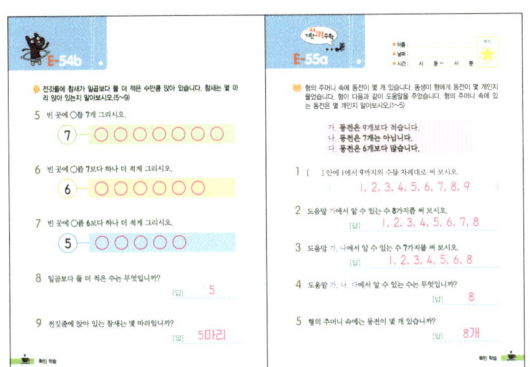

54b

55a

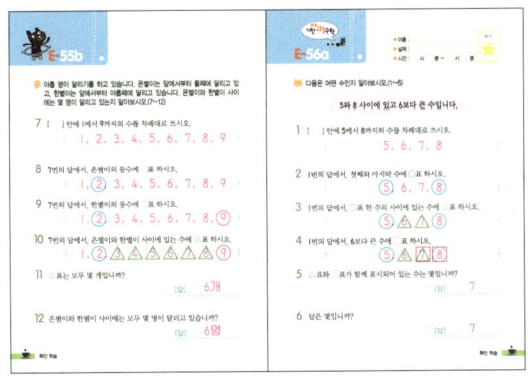

55b

56a

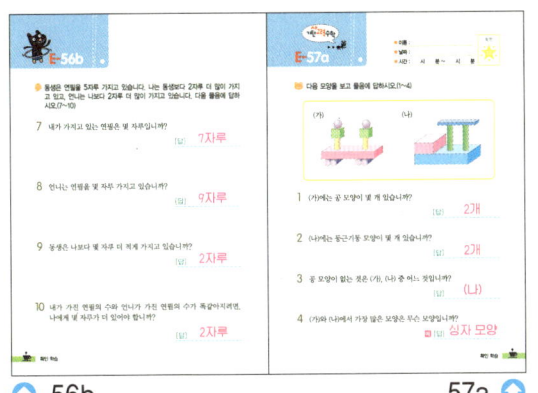

56b

57a

57b

58a

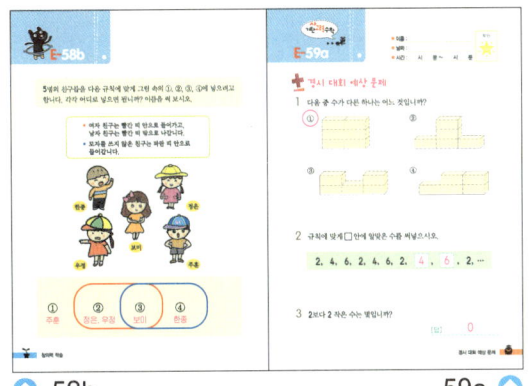

58b

59a

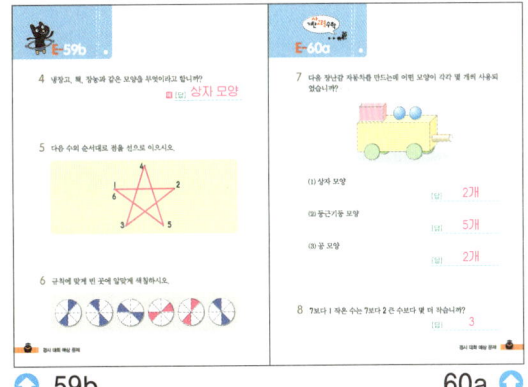

59b

60a

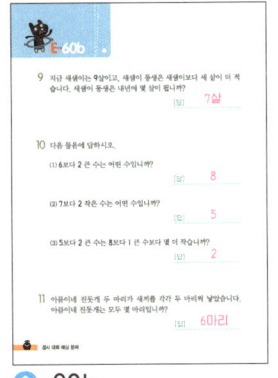

60b

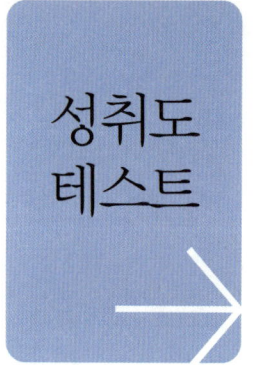

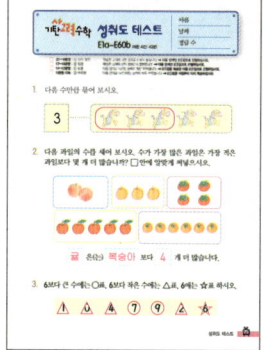

**(1a~60b)**

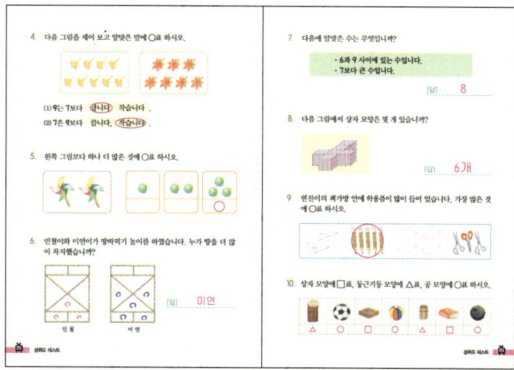

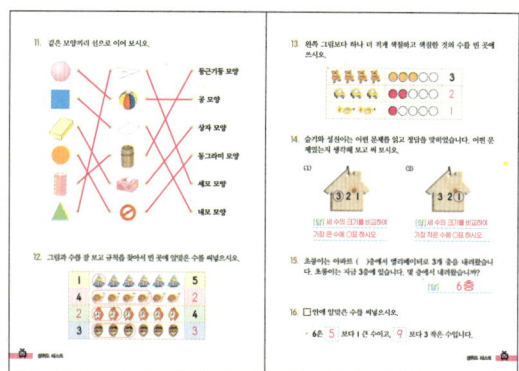

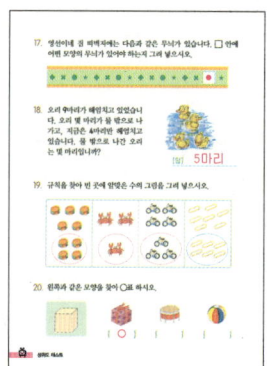